Beat The Wall

including

The Wall

2 sets of photocopiable worksheets to encourage
and aid with the learning of times tables

by

Tony Colledge

Copyright © 2014 Tony Colledge

The author grants the right to freely photocopy and use the worksheets as published within the school or establishment of purchase only.
This right is not transferable to persons working in other schools or establishments where the book has not been purchased.

All other rights reserved.

Every effort has been made to ensure that any images used in this book are royalty free and do not infringe any other copyright.

ISBN-13: 978-1503210370
ISBN-10: 1503210375

Digital Master: 4.2

For comments, feedback or suggestions you can contact the author via email at

beatthewall@yahoo.com

Other books published by the author include

Build The Wall

Pascal's Triangle

The Dividing Wall

Other books to be published in 2015 include

The Fraction Wall

Beat the Deciwall

About the Author

Tony Colledge was educated at Bishopshalt Grammar School in Hillingdon, London. He gained a BSc in Civil Engineering at Swansea University in 1976 and then the following year he trained as a teacher at Gypsy Hill College, Kingston in London, where he received his PGCE.

He spent 37 years in England teaching maths across the whole ability range to pupils aged from 8 to 16. In 1992 he wrote his first book about looking for patterns in Pascal's Triangle.

When he retired in July 2014, he decided to adapt and publish some of his most successful resources in the hope that other teachers, parents and pupils might find them useful.

About the Books

Beat The Wall resources have been published as a set of books each containing photocopiable worksheets based on a particular area of the Numeracy Curriculum. The original worksheets were successfully used to raise pupil achievement, not only in his own classroom but also by other maths teachers working in the same school. They have also been used in lessons observed by Ofsted inspectors and members of the senior management team on many occasions. The lesson gradings in which these resources were used, always resulted in a classification of either good or excellent/outstanding.

Tony Colledge created the first Wall sheets in 1995 whilst teaching several low ability maths classes. He realised, like many other teachers, that the difficulty those pupils had with learning and recalling tables was like a barrier, or *wall*, which hindered their progress in several areas of the curriculum. Of the many resources he wrote at the time, the Wall sheets were the most successful at improving scores. In fact, they were often requested in lessons by the pupils themselves. Weak and able children alike recognised the progress they were making and enjoyed the challenge of trying to beat their previous scores and times.

Since then, he has continued to develop, trial and improve a range of similar sheets and he is convinced that if these resources are used regularly, and as advised, then all pupils will improve their knowledge and understanding of numeracy in the areas covered by the worksheets.

Using the worksheets

The worksheets are **not** designed to be used as an initial teaching resource.

They are more valuable if used as a measure of pupil understanding, application and recall of numeracy facts once they have been introduced to multiplication. Previously, they might have looked at diagrams and patterns, written/recited tables and completed a number of consolidation questions.

Educational policies seem to change with the political wind and advice given about teaching numeracy can lead to some children thinking that *knowing* their tables simply involves reciting an answer pattern like 4, 8, 12, 16 and so on. My experience has lead me to notice that pupils who have been taught like that, initially, do less well on these worksheets and, in complete contrast, those pupils who know both the question and its answer scored better and in significantly faster times. Through regular use of the sheets over several months, I have witnessed this gap narrow to the point that most pupils could get full marks in a reasonable time. The challenge then becomes to do them faster and faster.

This book contains two sets of structured photocopiable sheets that can be used over and over again, not just within the same year but also year after year. The repetition enables a teacher to encourage their pupils to improve on their previous results by recognising what they have done well and identifying what still needs to be learnt. This review process allows the setting of personal targets, either by the teacher or the pupils themselves, which will challenge them to get a higher total or a faster time on the next occasion.

The Wall sheets test straight forward recall of number facts and are a good resource to help pupils achieve knowledge of their 2 to 10 times tables. Over time, most pupils can do these well and so *appear* to know their tables. In order to check this, the Beat The Wall sheets test whether they can associate the answer to the question(s) and I believe this gives a better measure of their true understanding and recall. Once pupils are able to get full marks, in a good time, on Beat The Wall sheets then you can be more confident in reporting to parents that they really *do* know their tables.

My original worksheets have been amended and presented in letter size (approx A4) as this makes the numbers clear for pupils to read. However, in order to save photocopying expense because I used them so often in my lessons, I reduced each sheet down to A5 and then produced working masters that had 2 sheets to a page. My pupils were still able to read the numbers at that size and the lower costs kept the Finance Officer at bay.

I mostly used a Wall or a Beat The Wall as a starter as they quickly got the class to settle and focus on practising their numeracy skills. The sheets could also be used as a filler or break between 2 tasks, especially in longer maths lessons. Sometimes finding work for cover lessons can be a problem but once the pupils and staff know the routine associated with these sheets then they can be an appropriate and useful task for 15 to 20 minutes of that lesson. Setting them as a piece of homework is also possible so long as the children can be trusted not to use a calculator to answer all of the questions.

Initially you might need to allow 5 to 10 minutes of a lesson to complete a sheet, reducing this as they get better. If you choose to time the pupils, how you achieve this is up to you and your classroom management. A digital stopwatch could be projected onto a smartboard for the pupils to look at and note their own finishing time. Where appropriate, a stopclock could be put on each worktable for small groups to share. As I often taught lessons in different rooms, it was simpler for me to use a timer on a digital watch or a smartphone and call out times when pupils said, "Done" or "Finished".

When checking answers, several possibilities could be employed. Choosing which one works best depends on how each individual teacher organises their class and classroom resources. Suggestions are;

- Copies of the answer sheets could be made available and pupils could self-mark
- Pupils could swap papers and mark their partner's work from the available answer sheets
- Support staff could work with small groups of pupils, monitoring and discussing issues as they arise when going through the answers
- The teacher or support staff could mark all of the sheets and set targets before returning them
- The teacher could read out the answers for a specific worksheet to the whole class at the same time (with or without swapping papers).

An advantage of the last method is that it allows the teacher to interact with the pupils about certain questions as they move through the sheet. Perhaps asking questions like;

- How do we know that 63 divides by 9? (divisibility rule 6 + 3 = 9)
- How can we tell if a large number divides by 5? Or by 3? Or by 6?
- Who can show me a way to do that question?
- Can anyone do it a different way?
- What type of number is 25?
- What is the square root of 49?
- What do we mean by multiple? Factor? Factor pair?
- Who can give me an estimate of the answer?
- Who can give me a real-life problem where that question is what we need to work out?
- Do you think the answer is going to be bigger or smaller than…?
- If I think the answer is 24. Who can tell me why that can't be right?

Other memory tricks used to help with tables in my last school were;

8 x 8 = 64	I ate and I ate and I was sick on the floor
	8 8 6 4
56 = 7 x 8	five, six, seven, eight
6 x 7 = 42	I was sick in Devon for 2 days
	6 7 4 2

Saying these as the appropriate answers came up often helped those who struggled particularly with their 6, 7 and 8 times tables. I'm sure there are other tricks that you or your pupils can devise. Using the answer session to widen the focus into other areas of the curriculum can help the pupils to see the links that occur in maths rather than seeing each topic area in isolation.

Once a sheet has been marked, it can be used to identify errors. Pupils could circle 3, 4 or perhaps 5 mistakes as their targets. They could then take the sheet home and learn the correct answers for next time. This might also be a way to involve parents in the process.

Where a pupil has not yet achieved full marks for a sheet then an individual target of getting *at least* 1 or 2 additional marks next time might be sufficient, especially with those who struggle to make progress. If the target is set too challenging, e.g. more than 5, then the pupil might make some progress but still feel disappointed because they have failed to reach their goal. By setting appropriate achievable targets, it is possible to continually praise pupils for their progress and this encourages them to keep working towards the satisfying achievement of "full marks".

Similar ideas apply to setting time targets, perhaps 5 or 10 seconds faster. These are incredibly useful for those who regularly get full marks. The challenge now becomes to do it as quickly as they can and this then engages the most able pupils in the class as they battle to hold the record for the fastest time.

Over a period of time, a "Top 10" list of the best ever times can be created. This can also be used to challenge able pupils to make it onto the list. Competitions between whole classes or representatives can be arranged.

On the annual World Maths Day, I have been head to head with pupils gathered in the school Hall. I had to complete 2 or 3 Beat the Wall sheets faster than they could do 1. Only a few pupils ever beat me but this gave those who did, great Kudos.

So what is a good time? My average time for a Beat the Wall was around 45 seconds and my best Wall score was 38 seconds. When you know your tables really well, it comes down to how fast you can write and still make the answer legible! As a general guide, I used a completion time of 3 minutes (4 seconds a question) as an indication of being able to recall their tables' facts quite well. Completion up to and around 2 minutes is very good and any pupil who can complete a Beat The Wall in less than a minute has done extremely well indeed.

Generally, a good time depends on which sheet is being done, the age and the ability of the pupils doing them. It is up to the professional judgement of the teacher to assess within the context of their class what constitutes a good or an amazing time.

In conclusion, simply handing out the sheets, giving the class a set time to do the questions and then reading out the answers is not in itself going to make much headway in learning their tables. The sheets need to be set regularly, scores and times need to be recorded, preferably in the pupils' workbooks or folders so they have easy access to what they did last time and the targets they are trying to achieve next time. The teacher should spend some time after each sheet collecting scores so they can discuss progress made and interact with the pupils about their new targets. This shows that the teacher values the process and it encourages the pupils to do better next time.

I cannot stress highly enough how important the use of targets, praise and encouragement is in helping pupils who struggle to improve their own weak areas in numeracy. The Wall and Beat The Wall worksheets, if used regularly and as explained, will help a wide range of children to achieve better scores and better times. Using these resources will not only inform teachers about pupil achievement but also they will help struggling pupils to recognise that they have made progress over time and ultimately that should make them feel positive about themselves, about doing maths and about finally beating that *wall*.

Tony Colledge

The Wall

Wall 1 to Wall 15 are a set of worksheets that test recall of multiplication facts from the 2 to 10 times tables.

Wall 16 to Wall 18 include the 11 and 12 times tables.

Wall 19 and Wall 20 also include multiplication with 15 and 25.

Answers are provided at the end of this section.

An example of a pupil record sheet is provided with the answers.

NAME: _____   DATE: _____

THE WALL

© 2014 Tony Colledge   **KEY FOCUS**: *The 2 to 10 times tables*

How many did you get right ?

How fast did you do it ?

Can you beat your best score and time ?

TAKE THE CHALLENGE

SCORE	/45
mins	secs
TARGETS	/45
mins	secs

1

9 x 10 =   10 x 10 =

8 x 9 =   8 x 10 =   9 x 9 =

7 x 8 =   7 x 9 =   7 x 10 =   8 x 8 =

6 x 7 =   6 x 8 =   6 x 9 =   6 x 10 =   7 x 7 =

5 x 8 =   5 x 9 =   5 x 10 =   6 x 6 =

4 x 9 =   4 x 10 =   5 x 5 =   5 x 6 =   5 x 7 =

4 x 5 =   4 x 6 =   4 x 7 =   4 x 8 =

3 x 7 =   3 x 8 =   3 x 9 =   3 x 10 =   4 x 4 =

3 x 3 =   3 x 4 =   3 x 5 =   3 x 6 =

2 x 6 =   2 x 7 =   2 x 8 =   2 x 9 =   2 x 10 =

2 x 2 =   2 x 3 =   2 x 4 =   2 x 5 =

NAME: _____   DATE: _____

THE WALL

© 2014 Tony Colledge   **KEY FOCUS**: *The 2 to 10 times tables*

How many did you get right ?

How fast did you do it ?

Can you beat your best score and time ?

TAKE THE CHALLENGE

SCORE	/45
mins	secs
TARGETS	/45
mins	secs

2 x 2 =   2 x 3 =

2 x 4 =   2 x 5 =   2 x 6 =

2 x 7 =   2 x 8 =   2 x 9 =   2 x 10 =

3 x 3 =   3 x 4 =   3 x 5 =   3 x 6 =   3 x 7 =

3 x 8 =   3 x 9 =   3 x 10 =   4 x 4 =

4 x 5 =   4 x 6 =   4 x 7 =   4 x 8 =   4 x 9 =

4 x 10 =   5 x 5 =   5 x 6 =   5 x 7 =

5 x 8 =   5 x 9 =   5 x 10 =   6 x 6 =   6 x 7 =

6 x 8 =   6 x 9 =   6 x 10 =   7 x 7 =

7 x 8 =   7 x 9 =   7 x 10 =   8 x 8 =   8 x 9 =

8 x 10 =   9 x 9 =   9 x 10 =   10 x 10 =

NAME: _____ DATE: _____

THE WALL

© 2014 Tony Colledge **KEY FOCUS**: *The 2 to 10 times tables*

How many did you get right ?

How fast did you do it ?

Can you beat your best score and time ?

TAKE THE CHALLENGE

SCORE	/45
mins	secs
TARGETS	/45
mins	secs

3

3 x 8 =   6 x 9 =

5 x 9 =   9 x 10 =   2 x 6 =

4 x 7 =   5 x 6 =   3 x 9 =   6 x 8 =

7 x 9 =   2 x 4 =   8 x 8 =   3 x 10 =   4 x 4 =

8 x 10 =   5 x 7 =   2 x 8 =   9 x 9 =

2 x 5 =   6 x 6 =   3 x 4 =   7 x 8 =   4 x 10 =

7 x 7 =   4 x 9 =   3 x 6 =   2 x 9 =

5 x 5 =   3 x 7 =   2 x 2 =   4 x 6 =   5 x 10 =

2 x 10 =   5 x 8 =   3 x 5 =   8 x 9 =

7 x 10 =   4 x 5 =   10 x 10 =   6 x 7 =   2 x 3 =

3 x 3 =   2 x 7 =   6 x 10 =   4 x 8 =

NAME: _____   DATE: _____

THE WALL

© 2014 Tony Colledge   **KEY FOCUS**: *The 2 to 10 times tables*

4

How many did you get right?   SCORE / 45

How fast did you do it?   mins   secs

Can you beat your best score and time?   TARGETS / 45

TAKE THE CHALLENGE   mins   secs

7 x 3 =	8 x 6 =

10 x 4 =   5 x 5 =   9 x 2 =

7 x 6 =   4 x 2 =   10 x 7 =   6 x 3 =

4 x 4 =   8 x 2 =   9 x 8 =   3 x 3 =   8 x 5 =

5 x 3 =   2 x 2 =   10 x 6 =   7 x 7 =

8 x 8 =   10 x 9 =   5 x 4 =   7 x 2 =   9 x 3 =

7 x 5 =   4 x 3 =   9 x 5 =   10 x 2 =

5 x 2 =   9 x 4 =   8 x 3 =   10 x 10 =   8 x 7 =

10 x 3 =   6 x 5 =   7 x 4 =   9 x 6 =

9 x 9 =   3 x 2 =   6 x 6 =   10 x 5 =   8 x 4 =

6 x 4 =   10 x 8 =   9 x 7 =   6 x 2 =

NAME: _____   DATE: _____

THE WALL

© 2014 Tony Colledge   **KEY FOCUS**: *The 2 to 10 times tables*

5

How many did you get right ?   SCORE / 45

How fast did you do it ?   mins   secs

Can you beat your best score and time ?   TARGETS / 45

TAKE THE CHALLENGE   mins   secs

7 x 9 =   6 x 6 =

4 x 5 =   3 x 8 =   2 x 10 =

2 x 6 =   8 x 10 =   4 x 9 =   7 x 8 =

4 x 8 =   3 x 3 =   5 x 7 =   9 x 10 =   2 x 7 =

7 x 7 =   10 x 10 =   2 x 2 =   9 x 9 =

5 x 6 =   2 x 8 =   6 x 7 =   3 x 9 =   8 x 8 =

2 x 4 =   5 x 8 =   3 x 10 =   4 x 7 =

6 x 10 =   4 x 4 =   3 x 6 =   6 x 9 =   2 x 9 =

3 x 7 =   7 x 10 =   3 x 4 =   5 x 5 =

5 x 10 =   6 x 8 =   2 x 5 =   4 x 6 =   8 x 9 =

4 x 10 =   2 x 3 =   5 x 9 =   3 x 5 =

NAME: _____   DATE: _____

THE WALL

© 2014 Tony Colledge   **KEY FOCUS**: *The 2 to 10 times tables*

6

How many did you get right ? | SCORE | /45 |
How fast did you do it ? | mins | secs |
Can you beat your best score and time ? | TARGETS | /45 |
TAKE THE CHALLENGE | mins | secs |

6 x 5 =   9 x 9 =
10 x 7 =   8 x 4 =   9 x 3 =
9 x 6 =   5 x 2 =   8 x 7 =   6 x 4 =
4 x 2 =   6 x 6 =   9 x 4 =   10 x 5 =   8 x 8 =
7 x 3 =   10 x 8 =   9 x 2 =   4 x 4 =
6 x 2 =   8 x 6 =   2 x 2 =   7 x 4 =   10 x 3 =
10 x 10 = 7 x 2 =   9 x 5 =   8 x 3 =
5 x 3 =   10 x 4 =   7 x 7 =   9 x 8 =   3 x 2 =
7 x 5 =   3 x 3 =   10 x 6 =   8 x 2 =
10 x 2 =   9 x 7 =   6 x 3 =   5 x 5 =   4 x 3 =
8 x 5 =   10 x 9 =   5 x 4 =   7 x 6 =

NAME: _____   DATE: _____

THE WALL

© 2014 Tony Colledge   **KEY FOCUS**: *The 2 to 10 times tables*

7

How many did you get right ?   SCORE / 45

How fast did you do it ?   mins   secs

Can you beat your best score and time ?   TARGETS / 45

TAKE THE CHALLENGE   mins   secs

7 x 7 =   5 x 9 =

2 x 6 =   7 x 8 =   3 x 4 =

4 x 5 =   9 x 9 =   3 x 10 =   5 x 8 =

2 x 8 =   6 x 10 =   4 x 6 =   5 x 5 =   3 x 8 =

8 x 10 =   3 x 7 =   8 x 9 =   2 x 3 =

3 x 9 =   4 x 4 =   7 x 10 =   5 x 6 =   4 x 8 =

4 x 7 =   2 x 4 =   6 x 9 =   10 x 10 =

6 x 6 =   7 x 9 =   3 x 5 =   4 x 10 =   2 x 5 =

2 x 10 =   5 x 7 =   8 x 8 =   2 x 9 =

2 x 7 =   3 x 3 =   4 x 9 =   5 x 10 =   6 x 8 =

9 x 10 =   3 x 6 =   6 x 7 =   2 x 2 =

NAME: _____   DATE: _____

THE WALL

© 2014 Tony Colledge   **KEY FOCUS**: *The 2 to 10 times tables*

(8)

How many did you get right ?

How fast did you do it ?

Can you beat your best score and time ?

TAKE THE CHALLENGE

SCORE	/45
mins	secs
TARGETS	/45
mins	secs

8 x 7 =	4 x 4 =
7 x 5 =	9 x 3 =	10 x 9 =
9 x 7 =	8 x 2 =	9 x 9 =	10 x 4 =
4 x 3 =	5 x 5 =	6 x 4 =	3 x 2 =	9 x 6 =
9 x 5 =	6 x 2 =	10 x 7 =	8 x 4 =
8 x 8 =	10 x 3 =	7 x 4 =	9 x 2 =	6 x 6 =
9 x 8 =	2 x 2 =	10 x 6 =	5 x 3 =
7 x 2 =	6 x 5 =	8 x 3 =	10 x 8 =	5 x 4 =
6 x 3 =	10 x 5 =	8 x 6 =	4 x 2 =
8 x 5 =	7 x 7 =	5 x 2 =	7 x 6 =	3 x 3 =
10 x 2 =	9 x 4 =	7 x 3 =	10 x 10 =

NAME: _____ DATE: _____

THE WALL

© 2014 Tony Colledge **KEY FOCUS**: *The 2 to 10 times tables*

How many did you get right ?

How fast did you do it ?

Can you beat your best score and time ?

TAKE THE CHALLENGE

9

SCORE	/45
mins	secs
TARGETS	/45
mins	secs

4 x 6 =   9 x 8 =

2 x 7 =   10 x 10 =   4 x 4 =

8 x 8 =   4 x 2 =   7 x 6 =   2 x 9 =

6 x 3 =   9 x 6 =   2 x 6 =   9 x 10 =   2 x 2 =

8 x 2 =   3 x 10 =   6 x 6 =   5 x 8 =

10 x 8 =   3 x 7 =   9 x 9 =   2 x 5 =   9 x 3 =

5 x 4 =   7 x 5 =   2 x 3 =   4 x 10 =

3 x 8 =   10 x 7 =   4 x 3 =   7 x 7 =   5 x 9 =

8 x 6 =   4 x 7 =   10 x 6 =   3 x 5 =

3 x 3 =   9 x 7 =   5 x 5 =   4 x 8 =   10 x 2 =

5 x 10 =   9 x 4 =   7 x 8 =   6 x 5 =

NAME: _____ DATE: _____

THE WALL

© 2014 Tony Colledge **KEY FOCUS**: *The 2 to 10 times tables*

How many did you get right ?

How fast did you do it ?

Can you beat your best score and time ?

TAKE THE CHALLENGE

SCORE / 45

mins   secs

TARGETS / 45

mins   secs

6 x 7 =   9 x 9 =

8 x 7 =   2 x 6 =   10 x 10 =

10 x 8 =   3 x 3 =   8 x 4 =   5 x 7 =

5 x 5 =   4 x 6 =   3 x 10 =   7 x 2 =   3 x 4 =

4 x 4 =   8 x 5 =   6 x 9 =   2 x 3 =

5 x 2 =   8 x 3 =   4 x 10 =   7 x 7 =   9 x 8 =

8 x 6 =   9 x 10 =   2 x 9 =   5 x 3 =

4 x 5 =   7 x 3 =   6 x 6 =   7 x 10 =   2 x 2 =

9 x 7 =   2 x 4 =   5 x 10 =   7 x 4 =

9 x 3 =   6 x 10 =   5 x 9 =   8 x 2 =   3 x 6 =

10 x 2 =   8 x 8 =   4 x 9 =   6 x 5 =

NAME: _____ DATE: _____

THE WALL

© 2014 Tony Colledge   **KEY FOCUS**: *The 2 to 10 times tables*

How many did you get right ?

How fast did you do it ?

Can you beat your best score and time ?

TAKE THE CHALLENGE

11

SCORE	/45
mins	secs
TARGETS	/45
mins	secs

9 x 9 =   7 x 3 =

4 x 5 =   3 x 6 =   10 x 2 =

3 x 8 =   10 x 10 =   6 x 9 =   7 x 5 =

10 x 7 =   5 x 3 =   4 x 2 =   2 x 8 =   9 x 3 =

6 x 2 =   8 x 8 =   9 x 10 =   3 x 4 =

7 x 7 =   8 x 9 =   6 x 4 =   2 x 7 =   5 x 10 =

6 x 6 =   2 x 3 =   4 x 7 =   5 x 5 =

5 x 8 =   9 x 7 =   10 x 4 =   8 x 6 =   9 x 2 =

3 x 10 =   6 x 7 =   2 x 5 =   4 x 9 =

7 x 8 =   5 x 9 =   3 x 3 =   6 x 10 =   8 x 4 =

4 x 4 =   5 x 6 =   2 x 2 =   8 x 10 =

NAME: _____   DATE: _____

THE WALL

© 2014 Tony Colledge   **KEY FOCUS**: *The 2 to 10 times tables*

How many did you get right ?

How fast did you do it ?

Can you beat your best score and time ?

TAKE THE CHALLENGE

12

SCORE	/ 45
mins	secs
TARGETS	/ 45
mins	secs

9 x 4 =   8 x 8 =

5 x 4 =   9 x 3 =   6 x 7 =

10 x 6 =   7 x 8 =   3 x 6 =   7 x 4 =

8 x 6 =   5 x 5 =   2 x 9 =   7 x 7 =   4 x 10 =

4 x 8 =   2 x 3 =   8 x 3 =   9 x 7 =

7 x 3 =   9 x 9 =   8 x 10 =   4 x 2 =   5 x 9 =

10 x 5 =   5 x 7 =   2 x 5 =   6 x 6 =

6 x 9 =   2 x 2 =   3 x 10 =   9 x 8 =   8 x 5 =

6 x 2 =   10 x 10 =   3 x 8 =   5 x 3 =

3 x 3 =   4 x 6 =   7 x 10 =   3 x 4 =   10 x 2 =

6 x 5 =   2 x 7 =   4 x 4 =   10 x 9 =

NAME: _____   DATE: _____

THE WALL

© 2014 Tony Colledge   **KEY FOCUS**: *The 2 to 10 times tables*

13

How many did you get right ? | SCORE | /45 |

How fast did you do it ? | mins | secs |

Can you beat your best score and time ? | TARGETS | /45 |

TAKE THE CHALLENGE | mins | secs |

4 x 4 =	7 x 9 =

8 x 7 =   3 x 9 =   6 x 6 =

10 x 3 =   4 x 3 =   10 x 9 =   8 x 2 =

5 x 4 =   7 x 2 =   10 x 10 =   6 x 3 =   9 x 8 =

9 x 6 =   5 x 7 =   2 x 6 =   10 x 8 =

3 x 2 =   2 x 10 =   7 x 7 =   9 x 4 =   7 x 6 =

9 x 9 =   6 x 8 =   3 x 5 =   7 x 10 =

3 x 7 =   10 x 5 =   5 x 2 =   8 x 8 =   4 x 6 =

2 x 9 =   8 x 5 =   3 x 3 =   7 x 4 =

4 x 8 =   6 x 5 =   2 x 4 =   4 x 10 =   5 x 5 =

2 x 2 =   10 x 6 =   8 x 3 =   9 x 5 =

NAME: _____   DATE: _____

THE WALL

© 2014 Tony Colledge   **KEY FOCUS**: *The 2 to 10 times tables*

14

How many did you get right ?   SCORE / 45

How fast did you do it ?   mins   secs

Can you beat your best score and time ?   TARGETS / 45

TAKE THE CHALLENGE   mins   secs

- 7 x 8 =
- 6 x 9 =
- 9 x 7 =
- 10 x 10 =
- 8 x 8 =
- 8 x 6 =
- 4 x 9 =
- 6 x 7 =
- 9 x 2 =
- 7 x 5 =
- 9 x 9 =
- 6 x 10 =
- 8 x 4 =
- 2 x 2 =
- 8 x 9 =
- 4 x 7 =
- 10 x 4 =
- 9 x 3 =
- 3 x 6 =
- 4 x 4 =
- 5 x 8 =
- 2 x 10 =
- 7 x 2 =
- 10 x 7 =
- 6 x 4 =
- 2 x 5 =
- 5 x 9 =
- 4 x 2 =
- 3 x 10 =
- 7 x 3 =
- 5 x 6 =
- 3 x 3 =
- 2 x 6 =
- 5 x 3 =
- 8 x 10 =
- 7 x 7 =
- 3 x 4 =
- 10 x 9 =
- 5 x 5 =
- 3 x 8 =
- 4 x 5 =
- 6 x 6 =
- 2 x 8 =
- 5 x 10 =
- 2 x 3 =

NAME: _____   DATE: _____

THE WALL

© 2014 Tony Colledge   **KEY FOCUS**: *The 2 to 10 times tables*

How many did you get right ?

How fast did you do it ?

Can you beat your best score and time ?

TAKE THE CHALLENGE

15

SCORE	/45
mins	secs
TARGETS	/45
mins	secs

4 x 9 =   8 x 6 =

5 x 10 =   7 x 7 =   2 x 8 =

4 x 4 =   5 x 9 =   3 x 6 =   9 x 2 =

9 x 3 =   3 x 10 =   7 x 8 =   6 x 9 =   10 x 10 =

10 x 4 =   5 x 5 =   7 x 3 =   8 x 9 =

8 x 8 =   4 x 5 =   6 x 2 =   4 x 7 =   10 x 2 =

6 x 4 =   2 x 2 =   10 x 7 =   5 x 3 =

2 x 7 =   6 x 10 =   3 x 8 =   9 x 9 =   5 x 6 =

3 x 4 =   9 x 10 =   6 x 7 =   4 x 2 =

2 x 5 =   6 x 6 =   8 x 4 =   2 x 3 =   9 x 7 =

7 x 5 =   10 x 8 =   3 x 3 =   5 x 8 =

NAME: _____ DATE: _____

THE WALL

© 2014 Tony Colledge **KEY FOCUS**: *The 2 to 12 times tables*

How many did you get right ?

How fast did you do it ?

Can you beat your best score and time ?

TAKE THE CHALLENGE

16

SCORE / 45

mins   secs

TARGETS / 45

mins   secs

| 9 x 9 = | 8 x 7 = |

| 6 x 8 = | 11 x 12 = | 3 x 9 = |

| 12 x 9 = | 7 x 4 = | 8 x 8 = | 0 x 9 = |

| 10 x 11 = | 8 x 4 = | 7 x 9 = | 4 x 12 = | 6 x 11 = |

| 7 x 12 = | 7 x 7 = | 11 x 11 = | 9 x 5 = |

| 3 x 7 = | 12 x 12 = | 9 x 8 = | 5 x 11 = | 6 x 6 = |

| 6 x 4 = | 5 x 8 = | 12 x 5 = | 4 x 4 = |

| 11 x 8 = | 1 x 1 = | 6 x 7 = | 9 x 2 = | 12 x 6 = |

| 9 x 10 = | 6 x 3 = | 12 x 10 = | 9 x 11 = |

| 5 x 7 = | 12 x 8 = | 4 x 11 = | 3 x 12 = | 6 x 9 = |

| 2 x 12 = | 8 x 3 = | 11 x 7 = | 9 x 4 = |

NAME: _____ DATE: _____

THE WALL

© 2014 Tony Colledge   **KEY FOCUS**: *The 2 to 12 times tables*

17

How many did you get right ?   SCORE / 45

How fast did you do it ?   mins   secs

Can you beat your best score and time ?   TARGETS / 45

TAKE THE CHALLENGE   mins   secs

11 x 11 =	12 x 4 =
12 x 10 =	6 x 6 =	9 x 2 =
8 x 11 =	4 x 6 =	8 x 12 =	7 x 5 =
3 x 6 =	12 x 2 =	9 x 3 =	6 x 11 =	12 x 7 =
8 x 8 =	12 x 5 =	9 x 6 =	11 x 9 =
7 x 8 =	9 x 7 =	8 x 5 =	12 x 12 =	7 x 11 =
9 x 12 =	7 x 7 =	8 x 6 =	1 x 1 =
4 x 8 =	12 x 11 =	4 x 4 =	7 x 6 =	9 x 9 =
11 x 5 =	6 x 12 =	9 x 10 =	7 x 3 =
9 x 4 =	12 x 3 =	4 x 11 =	7 x 0 =	5 x 9 =
8 x 9 =	4 x 7 =	11 x 10 =	8 x 3 =

NAME: _____

DATE: _____

THE WALL

© 2014 Tony Colledge

KEY FOCUS: *The 2 to 12 times tables*

How many did you get right ?

How fast did you do it ?

Can you beat your best score and time ?

TAKE THE CHALLENGE

18

SCORE	/45
mins	secs
TARGETS	/45
mins	secs

8 x 9 =   11 x 7 =

12 x 12 =   4 x 4 =   6 x 3 =

9 x 10 =   5 x 7 =   8 x 12 =   4 x 9 =

4 x 12 =   8 x 3 =   9 x 7 =   8 x 0 =   6 x 6 =

9 x 3 =   12 x 11 =   4 x 7 =   11 x 5 =

6 x 8 =   9 x 2 =   3 x 7 =   6 x 12 =   10 x 11 =

11 x 9 =   8 x 8 =   9 x 6 =   12 x 3 =

4 x 11 =   12 x 10 =   8 x 5 =   7 x 7 =   6 x 4 =

11 x 8 =   7 x 6 =   9 x 5 =   12 x 2 =

9 x 9 =   12 x 7 =   6 x 11 =   1 x 1 =   5 x 12 =

12 x 9 =   8 x 7 =   11 x 11 =   4 x 8 =

NAME: _____   DATE: _____

THE WALL

© 2014 Tony Colledge   **KEY FOCUS**: *Includes multiplying by 15 and 25*

19

How many did you get right ?

SCORE / 45

How fast did you do it ?

mins   secs

Can you beat your best score and time ?

TARGETS / 45

TAKE THE CHALLENGE

mins   secs

- 15 x 9 =
- 12 x 12 =
- 8 x 6 =
- 3 x 12 =
- 11 x 10 =
- 7 x 11 =
- 8 x 7 =
- 4 x 15 =
- 9 x 9 =
- 25 x 8 =
- 6 x 9 =
- 12 x 11 =
- 1 x 1 =
- 12 x 4 =
- 11 x 9 =
- 8 x 4 =
- 12 x 10 =
- 15 x 7 =
- 9 x 12 =
- 5 x 8 =
- 15 x 6 =
- 7 x 7 =
- 6 x 11 =
- 4 x 7 =
- 11 x 11 =
- 6 x 12 =
- 8 x 8 =
- 15 x 5 =
- 11 x 5 =
- 12 x 7 =
- 9 x 8 =
- 6 x 25 =
- 2 x 12 =
- 6 x 6 =
- 11 x 8 =
- 9 x 4 =
- 9 x 7 =
- 10 x 15 =
- 7 x 6 =
- 8 x 12 =
- 4 x 11 =
- 12 x 5 =
- 6 x 4 =
- 10 x 9 =
- 4 x 0 =

NAME: _____ DATE: _____

THE WALL

© 2014 Tony Colledge **KEY FOCUS**: *Includes multiplying by 15 and 25*

20

How many did you get right ?   SCORE /45

How fast did you do it ?   mins   secs

Can you beat your best score and time ?   TARGETS /45

TAKE THE CHALLENGE   mins   secs

8 x 7 =	15 x 6 =
2 x 12 =	25 x 4 =	9 x 10 =
6 x 6 =	8 x 12 =	6 x 25 =	7 x 9 =
11 x 8 =	6 x 4 =	11 x 11 =	8 x 5 =	12 x 7 =
8 x 6 =	9 x 4 =	7 x 11 =	15 x 10 =
5 x 12 =	4 x 8 =	15 x 9 =	7 x 4 =	12 x 11 =
4 x 12 =	11 x 10 =	1 x 1 =	12 x 5 =
15 x 0 =	12 x 3 =	6 x 11 =	8 x 25 =	7 x 7 =
9 x 9 =	6 x 7 =	25 x 5 =	15 x 4 =
9 x 8 =	7 x 15 =	12 x 6 =	8 x 8 =	9 x 11 =
12 x 9 =	5 x 15 =	9 x 6 =	12 x 12 =

The Wall

ANSWERS

DATE	TASK	SCORE	TIME	TARGET(S)
DATE	TASK	SCORE	TIME	TARGET(S)

ANSWERS

THE WALL

1

© 2014 Tony Colledge

Total 45

What was the final score ?

How fast was it completed ?

Were the previous targets beaten ?

What are the targets for next time ?

9 x 10 = ***90*** | 10 x 10 = ***100***

8 x 9 = ***72*** | 8 x 10 = ***80*** | 9 x 9 = ***81***

7 x 8 = ***56*** | 7 x 9 = ***63*** | 7 x 10 = ***70*** | 8 x 8 = ***64***

6 x 7 = ***42*** | 6 x 8 = ***48*** | 6 x 9 = ***54*** | 6 x 10 = ***60*** | 7 x 7 = ***49***

5 x 8 = ***40*** | 5 x 9 = ***45*** | 5 x 10 = ***50*** | 6 x 6 = ***36***

4 x 9 = ***36*** | 4 x 10 = ***40*** | 5 x 5 = ***25*** | 5 x 6 = ***30*** | 5 x 7 = ***35***

4 x 5 = ***20*** | 4 x 6 = ***24*** | 4 x 7 = ***28*** | 4 x 8 = ***32***

3 x 7 = ***21*** | 3 x 8 = ***24*** | 3 x 9 = ***27*** | 3 x 10 = ***30*** | 4 x 4 = ***16***

3 x 3 = ***9*** | 3 x 4 = ***12*** | 3 x 5 = ***15*** | 3 x 6 = ***18***

2 x 6 = ***12*** | 2 x 7 = ***14*** | 2 x 8 = ***16*** | 2 x 9 = ***18*** | 2 x 10 = ***20***

2 x 2 = ***4*** | 2 x 3 = ***6*** | 2 x 4 = ***8*** | 2 x 5 = ***10***

ANSWERS

THE WALL

2

© 2014 Tony Colledge

Total 45

What was the final score ?

How fast was it completed ?

Were the previous targets beaten ?

What are the targets for next time ?

2 x 2 = ***4*** | 2 x 3 = ***6***

2 x 4 = ***8*** | 2 x 5 = ***10*** | 2 x 6 = ***12***

2 x 7 = ***14*** | 2 x 8 = ***16*** | 2 x 9 = ***18*** | 2 x 10 = ***20***

3 x 3 = ***9*** | 3 x 4 = ***12*** | 3 x 5 = ***15*** | 3 x 6 = ***18*** | 3 x 7 = ***21***

3 x 8 = ***24*** | 3 x 9 = ***27*** | 3 x 10 = ***30*** | 4 x 4 = ***16***

4 x 5 = ***20*** | 4 x 6 = ***24*** | 4 x 7 = ***28*** | 4 x 8 = ***32*** | 4 x 9 = ***36***

4 x 10 = ***40*** | 5 x 5 = ***25*** | 5 x 6 = ***30*** | 5 x 7 = ***35***

5 x 8 = ***40*** | 5 x 9 = ***45*** | 5 x 10 = ***50*** | 6 x 6 = ***36*** | 6 x 7 = ***42***

6 x 8 = ***48*** | 6 x 9 = ***54*** | 6 x 10 = ***60*** | 7 x 7 = ***49***

7 x 8 = ***56*** | 7 x 9 = ***63*** | 7 x 10 = ***70*** | 8 x 8 = ***64*** | 8 x 9 = ***72***

8 x 10 = ***80*** | 9 x 9 = ***81*** | 9 x 10 = ***90*** | 10 x 10 = ***100***

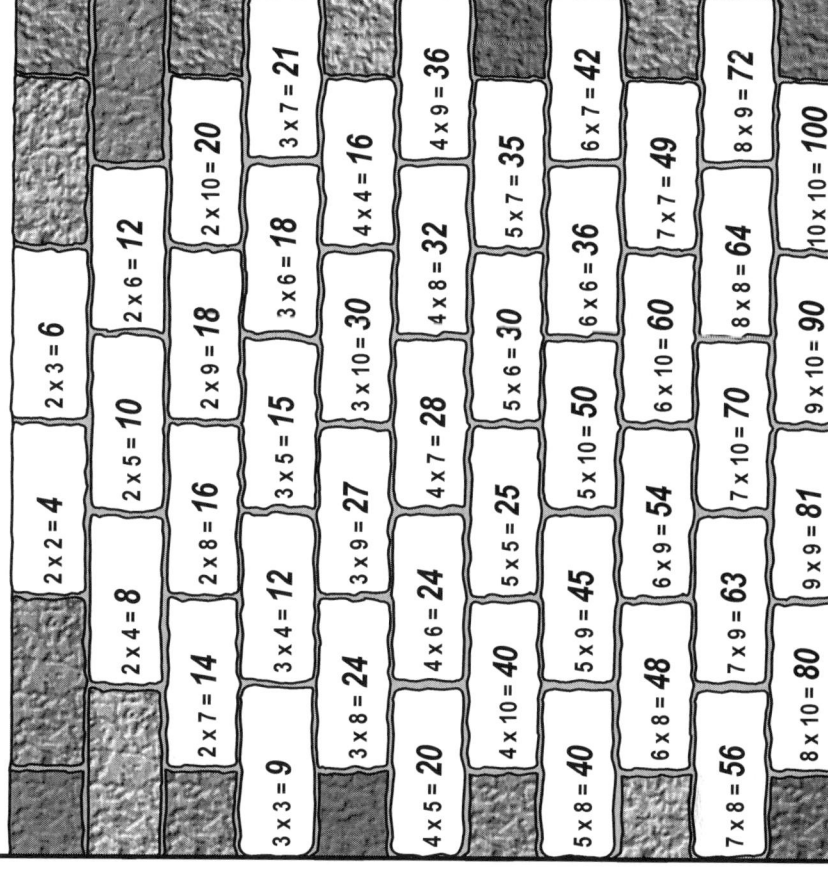

ANSWERS
THE WALL

© 2014 Tony Colledge

3 Total 45

What was the final score ?

How fast was it completed ?

Were the previous targets beaten ?

What are the targets for next time ?

7 x 9 = 63	4 x 7 = 28	5 x 9 = 45	3 x 8 = 24	6 x 9 = 54	2 x 6 = 12	6 x 8 = 48
8 x 10 = 80	2 x 4 = 8	5 x 6 = 30	9 x 10 = 90	3 x 9 = 27	6 x 8 = 48	4 x 4 = 16
2 x 5 = 10	7 x 7 = 49	5 x 7 = 35	8 x 8 = 64	3 x 9 = 27	9 x 9 = 81	4 x 10 = 40
5 x 5 = 25	3 x 7 = 21	6 x 6 = 36	3 x 4 = 12	2 x 8 = 16	7 x 8 = 56	4 x 10 = 40
2 x 10 = 20	4 x 5 = 20	4 x 9 = 36	2 x 2 = 4	3 x 6 = 18	2 x 9 = 18	4 x 6 = 24
7 x 10 = 70	2 x 7 = 14	5 x 8 = 40	10 x 10 = 100	3 x 5 = 15	8 x 9 = 72	5 x 10 = 50
3 x 3 = 9		4 x 5 = 20		6 x 10 = 60	6 x 7 = 42	2 x 3 = 6
					4 x 8 = 32	

ANSWERS
THE WALL

© 2014 Tony Colledge

4 Total 45

What was the final score ?

How fast was it completed ?

Were the previous targets beaten ?

What are the targets for next time ?

7 x 3 = 21	8 x 6 = 48		
10 x 4 = 40	5 x 5 = 25	9 x 2 = 18	
7 x 6 = 42	4 x 2 = 8	10 x 7 = 70	6 x 3 = 18
4 x 4 = 16	8 x 2 = 16	9 x 8 = 72	3 x 3 = 9	8 x 5 = 40
5 x 3 = 15	2 x 2 = 4	10 x 6 = 60	7 x 7 = 49	
8 x 8 = 64	10 x 9 = 90	5 x 4 = 20	7 x 2 = 14	9 x 3 = 27
7 x 5 = 35	4 x 3 = 12	9 x 5 = 45	10 x 2 = 20	
5 x 2 = 10	9 x 4 = 36	8 x 3 = 24	10 x 10 = 100	8 x 7 = 56
10 x 3 = 30	6 x 5 = 30	7 x 4 = 28	9 x 6 = 54	
9 x 9 = 81	3 x 2 = 6	6 x 6 = 36	10 x 5 = 50	8 x 4 = 32
6 x 4 = 24	10 x 8 = 80	9 x 7 = 63	6 x 2 = 12	

ANSWERS

THE WALL — 5

Total 45

- What was the final score ?
- How fast was it completed ?
- Were the previous targets beaten ?
- What are the targets for next time ?

7 × 9 = 63	6 × 6 = 36	2 × 10 = 20	7 × 8 = 56	2 × 7 = 14
4 × 5 = 20	3 × 8 = 24	4 × 9 = 36	9 × 10 = 90	9 × 9 = 81
2 × 6 = 12	8 × 10 = 80	5 × 7 = 35	2 × 2 = 4	8 × 8 = 64
3 × 3 = 9	10 × 10 = 100	6 × 7 = 42	3 × 9 = 27	4 × 7 = 28
7 × 7 = 49	5 × 8 = 40	3 × 10 = 30	6 × 9 = 54	2 × 9 = 18
2 × 8 = 16	4 × 4 = 16	3 × 6 = 18	3 × 4 = 12	5 × 5 = 25
4 × 8 = 32	7 × 10 = 70	2 × 5 = 10	4 × 6 = 24	8 × 9 = 72
2 × 4 = 8	2 × 3 = 6	5 × 9 = 45	3 × 5 = 15	
5 × 6 = 30				
6 × 10 = 60				
3 × 7 = 21				
6 × 8 = 48				
5 × 10 = 50				
4 × 10 = 40				

© 2014 Tony Colledge

ANSWERS

THE WALL — 6

Total 45

- What was the final score ?
- How fast was it completed ?
- Were the previous targets beaten ?
- What are the targets for next time ?

6 × 5 = 30	9 × 9 = 81		
10 × 7 = 70	8 × 4 = 32	9 × 3 = 27	6 × 4 = 24
9 × 6 = 54	5 × 2 = 10	8 × 7 = 56	8 × 8 = 64
4 × 2 = 8	6 × 6 = 36	9 × 4 = 36	10 × 5 = 50	4 × 4 = 16
7 × 3 = 21	10 × 8 = 80	9 × 2 = 18	10 × 3 = 30
6 × 2 = 12	8 × 6 = 48	2 × 2 = 4	7 × 4 = 28	8 × 3 = 24
10 × 10 = 100	7 × 2 = 14	9 × 5 = 45	3 × 2 = 6
5 × 3 = 15	10 × 4 = 40	7 × 7 = 49	9 × 8 = 72	4 × 3 = 12
7 × 5 = 35	3 × 3 = 9	10 × 6 = 60	8 × 2 = 16
10 × 2 = 20	9 × 7 = 63	6 × 3 = 18	5 × 5 = 25	7 × 6 = 42
8 × 5 = 40	10 × 9 = 90	5 × 4 = 20	

© 2014 Tony Colledge

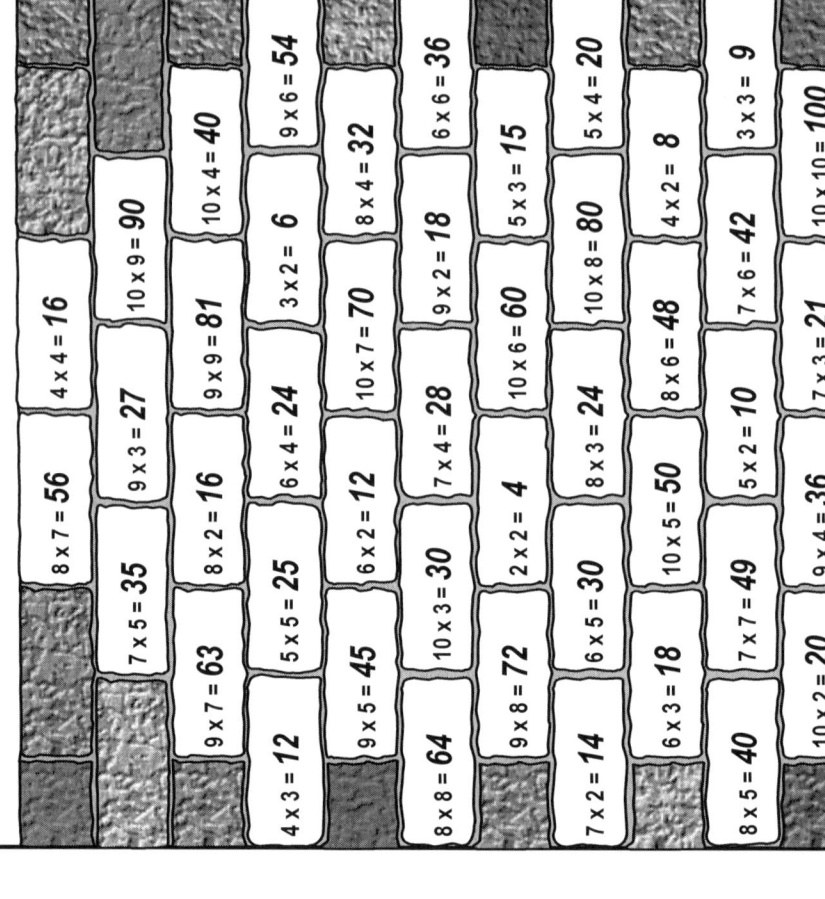
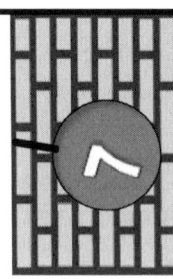

ANSWERS

THE WALL

© 2014 Tony Colledge

What was the final score ?

How fast was it completed ?

Were the previous targets beaten ?

What are the targets for next time ?

9 Total 45

8 x 8 = 64	2 x 7 = 14	4 x 6 = 24	9 x 8 = 72		
8 x 2 = 16	4 x 2 = 8	10 x 10 = 100	4 x 4 = 16	2 x 9 = 18	
10 x 8 = 80	9 x 6 = 54	7 x 6 = 42	2 x 6 = 12	2 x 2 = 4	
5 x 4 = 20	8 x 2 = 16	3 x 10 = 30	9 x 10 = 90	5 x 8 = 40	
3 x 8 = 24	10 x 7 = 70	3 x 7 = 21	9 x 9 = 81	6 x 6 = 36	9 x 3 = 27
8 x 6 = 48	4 x 8 = 28	7 x 5 = 35	2 x 3 = 6	2 x 5 = 10	4 x 10 = 40
3 x 3 = 9	9 x 7 = 63	5 x 4 = 20	4 x 3 = 12	10 x 6 = 60	7 x 7 = 49	5 x 9 = 45
5 x 10 = 50	9 x 4 = 36	5 x 5 = 25	7 x 8 = 56	4 x 8 = 32	3 x 5 = 15	10 x 2 = 20
						6 x 5 = 30

ANSWERS

THE WALL

© 2014 Tony Colledge

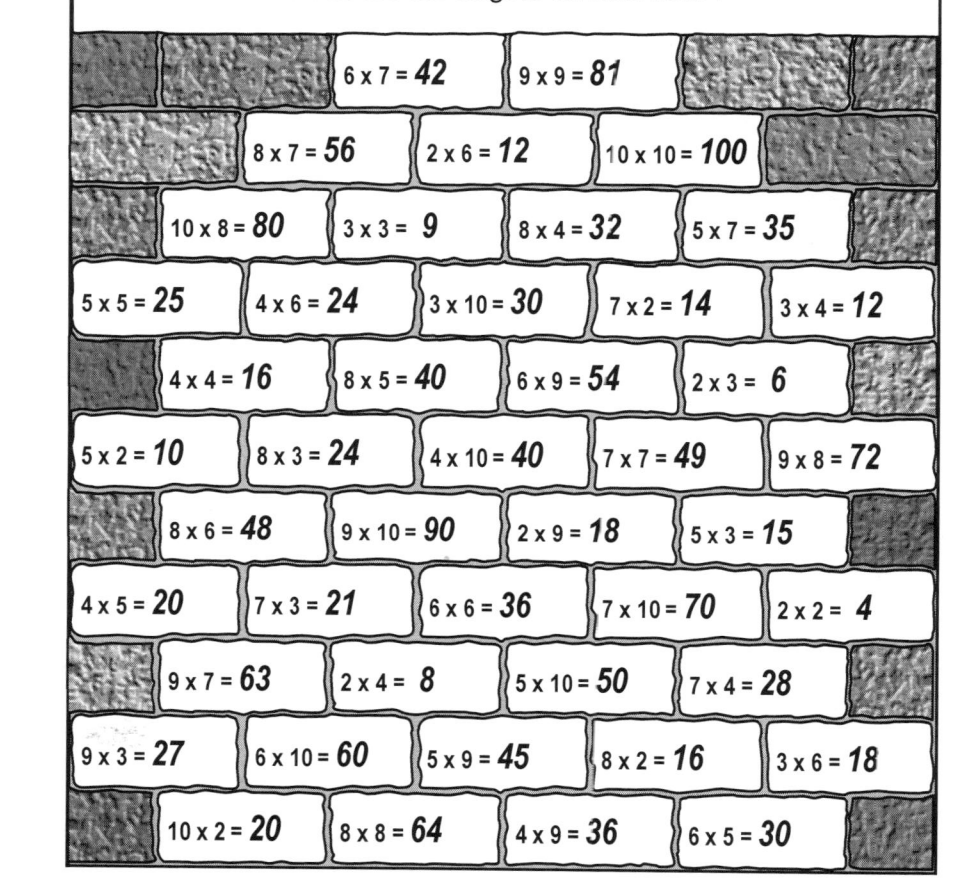

What was the final score ?

How fast was it completed ?

Were the previous targets beaten ?

What are the targets for next time ?

10 Total 45

	6 x 7 = 42	9 x 9 = 81		
8 x 7 = 56	2 x 6 = 12	10 x 10 = 100	5 x 7 = 35	3 x 4 = 12
10 x 8 = 80	3 x 3 = 9	8 x 4 = 32	7 x 2 = 14	6
5 x 5 = 25	4 x 6 = 24	3 x 10 = 30	2 x 3 = 6	9 x 8 = 72
	8 x 5 = 40	6 x 9 = 54	2 x 9 = 18	
5 x 2 = 10	8 x 3 = 24	4 x 10 = 40	7 x 7 = 49	5 x 3 = 15
	8 x 6 = 48	9 x 10 = 90	6 x 6 = 36	7 x 10 = 50	2 x 2 = 4
4 x 5 = 20	7 x 3 = 21	2 x 4 = 8	5 x 10 = 50	7 x 4 = 28
9 x 3 = 27	9 x 7 = 63	6 x 10 = 60	5 x 9 = 45	8 x 2 = 16	3 x 6 = 18
10 x 2 = 20	8 x 8 = 64	4 x 9 = 36	6 x 5 = 30

ANSWERS

THE WALL 12

Total 45

What was the final score ?

How fast was it completed ?

Were the previous targets beaten ?

What are the targets for next time ?

© 2014 Tony Colledge

9 x 4 = 36	8 x 8 = 64		6 x 7 = 42	7 x 4 = 28		4 x 10 = 40
5 x 4 = 20	9 x 3 = 27	7 x 8 = 56	3 x 6 = 18	7 x 7 = 49	9 x 7 = 63	5 x 9 = 45
10 x 6 = 60	5 x 5 = 25	2 x 3 = 6	2 x 9 = 18	8 x 3 = 24	4 x 2 = 8	6 x 6 = 36
8 x 6 = 48	4 x 8 = 32	9 x 9 = 81	5 x 7 = 35	8 x 10 = 80	2 x 5 = 10	9 x 8 = 72
7 x 3 = 21	10 x 5 = 50	2 x 2 = 4	10 x 10 = 100	3 x 10 = 30	3 x 8 = 24	5 x 3 = 15
6 x 9 = 54	6 x 2 = 12	4 x 6 = 24	7 x 10 = 70	3 x 4 = 12	10 x 2 = 20
3 x 3 = 9	6 x 5 = 30	2 x 7 = 14	4 x 4 = 16	10 x 9 = 90

ANSWERS

THE WALL 11

Total 45

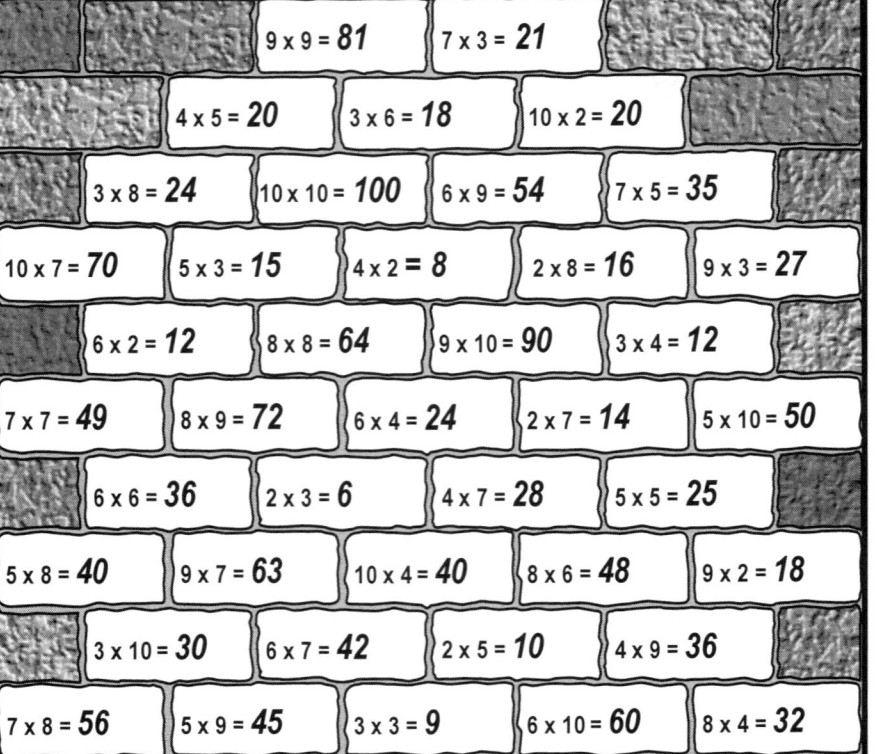

What was the final score ?

How fast was it completed ?

Were the previous targets beaten ?

What are the targets for next time ?

© 2014 Tony Colledge

9 x 9 = 81	7 x 3 = 21	10 x 2 = 20	7 x 5 = 35	9 x 3 = 27
4 x 5 = 20	3 x 6 = 18	6 x 9 = 54	2 x 8 = 16	3 x 4 = 12	5 x 10 = 50
3 x 8 = 24	10 x 10 = 100	4 x 2 = 8	9 x 10 = 90	2 x 7 = 14	5 x 5 = 25	9 x 2 = 18
5 x 3 = 15	8 x 8 = 64	6 x 4 = 24	4 x 7 = 28	8 x 6 = 48	4 x 9 = 36	8 x 4 = 32
6 x 2 = 12	2 x 3 = 6	10 x 4 = 40	2 x 5 = 10	6 x 10 = 60	8 x 10 = 80
7 x 7 = 49	8 x 9 = 72	6 x 7 = 42	3 x 3 = 9	2 x 2 = 4
6 x 6 = 36	9 x 7 = 63			
5 x 8 = 40	3 x 10 = 30	5 x 9 = 45	5 x 6 = 30		
10 x 7 = 70	7 x 8 = 56	4 x 4 = 16			

ANSWERS

THE WALL 13

Total 45

- What was the final score ?
- How fast was it completed ?
- Were the previous targets beaten ?
- What are the targets for next time ?

© 2014 Tony Colledge

4 × 4 = 16	7 × 9 = 63		
8 × 7 = 56	3 × 9 = 27	6 × 6 = 36	
4 × 3 = 12	10 × 9 = 90	8 × 2 = 16	
5 × 7 = 35	10 × 10 = 100	6 × 3 = 18	9 × 8 = 72
7 × 7 = 49	2 × 6 = 12	10 × 8 = 80	
6 × 8 = 48	3 × 5 = 15	9 × 4 = 36	7 × 6 = 42
5 × 2 = 10	8 × 8 = 64	7 × 10 = 70	
2 × 4 = 8	3 × 3 = 9	7 × 4 = 28	4 × 6 = 24
8 × 3 = 24	4 × 10 = 40	5 × 5 = 25	
10 × 6 = 60		9 × 5 = 45	

10 × 3 = 30
7 × 2 = 14
9 × 6 = 54
2 × 10 = 20
9 × 9 = 81
10 × 5 = 50
8 × 5 = 40
6 × 5 = 30
2 × 9 = 18
2 × 2 = 4
5 × 4 = 20
3 × 2 = 6
3 × 7 = 21
4 × 8 = 32

ANSWERS

THE WALL 14

Total 45

- What was the final score ?
- How fast was it completed ?
- Were the previous targets beaten ?
- What are the targets for next time ?

© 2014 Tony Colledge

7 × 8 = 56
6 × 9 = 54
9 × 7 = 63
10 × 10 = 100
8 × 8 = 64
9 × 2 = 18
8 × 6 = 48
4 × 9 = 36
6 × 7 = 42
2 × 2 = 4
9 × 9 = 81
4 × 7 = 28
6 × 10 = 60
8 × 4 = 32
9 × 3 = 27
7 × 5 = 35
8 × 9 = 72
4 × 4 = 16
5 × 8 = 40
10 × 4 = 40
7 × 2 = 14
3 × 6 = 18
10 × 7 = 70
6 × 4 = 24
2 × 5 = 10
5 × 9 = 45
4 × 2 = 8
3 × 10 = 30
7 × 3 = 21
8 × 10 = 80
5 × 6 = 30
3 × 3 = 9
2 × 6 = 12
5 × 3 = 15
5 × 5 = 25
7 × 7 = 49
3 × 4 = 12
10 × 9 = 90
2 × 8 = 16
3 × 8 = 24
4 × 5 = 20
6 × 6 = 36
5 × 10 = 50
2 × 3 = 6

ANSWERS

THE WALL — 16

Total 45

- What was the final score?
- How fast was it completed?
- Were the previous targets beaten?
- What are the targets for next time?

© 2014 Tony Colledge

9 x 9 = 81	8 x 7 = 56		
6 x 8 = 48	11 x 12 = 132	3 x 9 = 27	
12 x 9 = 108	7 x 4 = 28	8 x 8 = 64	0 x 9 = 0
8 x 4 = 32	7 x 9 = 63	4 x 12 = 48	6 x 11 = 66
7 x 12 = 84	7 x 7 = 49	11 x 11 = 121	9 x 5 = 45
12 x 12 = 144	9 x 8 = 72	5 x 11 = 55	6 x 6 = 36
3 x 7 = 21	5 x 8 = 40	12 x 5 = 60	4 x 4 = 16
6 x 4 = 24	6 x 7 = 42	9 x 2 = 18	12 x 6 = 72
1 x 1 = 1	6 x 3 = 18	12 x 10 = 120	9 x 11 = 99
11 x 8 = 88	4 x 11 = 44	3 x 12 = 36	6 x 9 = 54
9 x 10 = 90	8 x 3 = 24	11 x 7 = 77	9 x 4 = 36
12 x 8 = 96			
5 x 7 = 35			
2 x 12 = 24			

ANSWERS

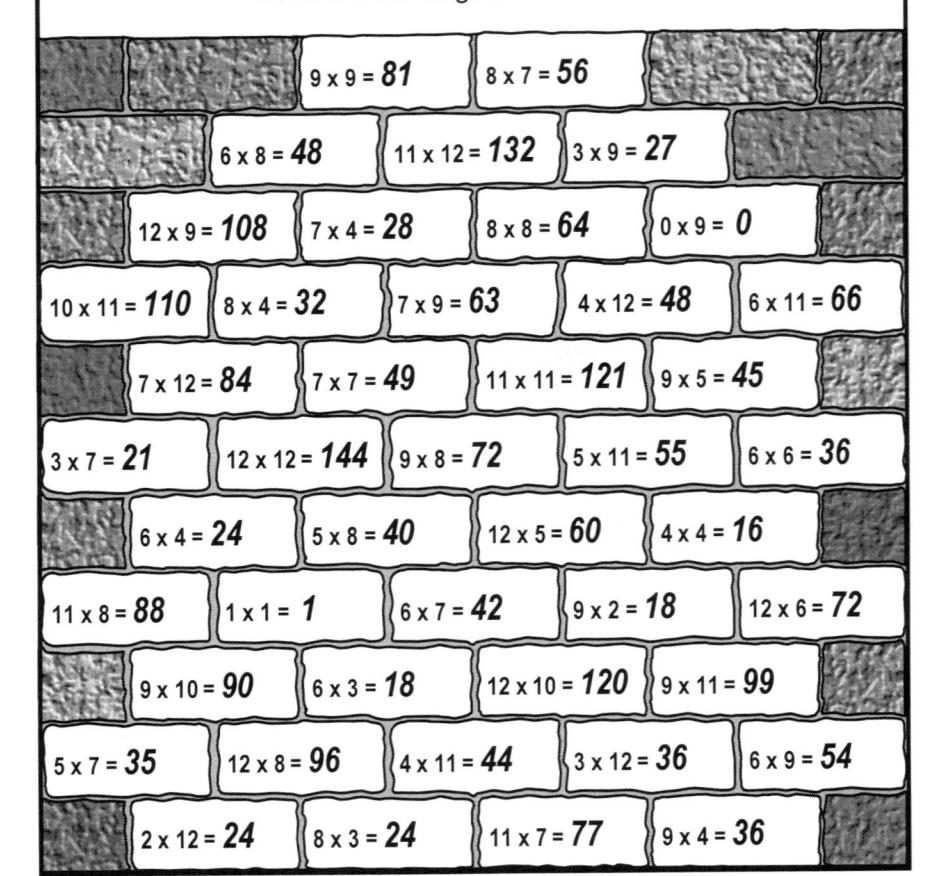

THE WALL — 15

Total 45

- What was the final score?
- How fast was it completed?
- Were the previous targets beaten?
- What are the targets for next time?

© 2014 Tony Colledge

4 x 9 = 36	8 x 6 = 48		
5 x 10 = 50	7 x 7 = 49	2 x 8 = 16	
4 x 4 = 16	5 x 9 = 45	3 x 6 = 18	9 x 2 = 18
3 x 10 = 30	7 x 8 = 56	6 x 9 = 54	10 x 10 = 100
10 x 4 = 40	5 x 5 = 25	7 x 3 = 21	8 x 9 = 72
4 x 5 = 20	6 x 2 = 12	4 x 7 = 28	10 x 2 = 20
6 x 4 = 24	2 x 2 = 4	10 x 7 = 70	5 x 3 = 15
6 x 10 = 60	3 x 8 = 24	9 x 9 = 81	5 x 6 = 30
3 x 4 = 12	9 x 10 = 90	6 x 7 = 42	
2 x 7 = 14	8 x 4 = 32	2 x 3 = 6	4 x 2 = 8
6 x 6 = 36	3 x 3 = 9	9 x 7 = 63	
2 x 5 = 10	10 x 8 = 80		
7 x 5 = 35	5 x 8 = 40		
9 x 3 = 27			
8 x 8 = 64			

ANSWERS

THE WALL

© 2014 Tony Colledge

17 Total 45

What was the final score ?

How fast was it completed ?

Were the previous targets beaten ?

What are the targets for next time ?

	11 x 11 = 121	12 x 4 = 48		9 x 2 = 18	7 x 5 = 35	
12 x 10 = 120	4 x 6 = 24		8 x 12 = 96	6 x 11 = 66	12 x 7 = 84	
3 x 6 = 18	12 x 2 = 24	9 x 3 = 27		9 x 6 = 54	11 x 9 = 99	
8 x 11 = 88		12 x 5 = 60	8 x 5 = 40		12 x 12 = 144	7 x 11 = 77
8 x 8 = 64	9 x 7 = 63	7 x 7 = 49	4 x 4 = 16	8 x 6 = 48	1 x 1 = 1	
7 x 8 = 56		12 x 11 = 132	6 x 12 = 72	4 x 11 = 44	7 x 6 = 42	9 x 9 = 81
	9 x 12 = 108	11 x 5 = 55	12 x 3 = 36	9 x 10 = 90	7 x 3 = 21	
4 x 8 = 32		4 x 7 = 28	11 x 10 = 110	7 x 0 = 0	5 x 9 = 45	
9 x 4 = 36					8 x 3 = 24	
8 x 9 = 72						

ANSWERS

THE WALL

© 2014 Tony Colledge

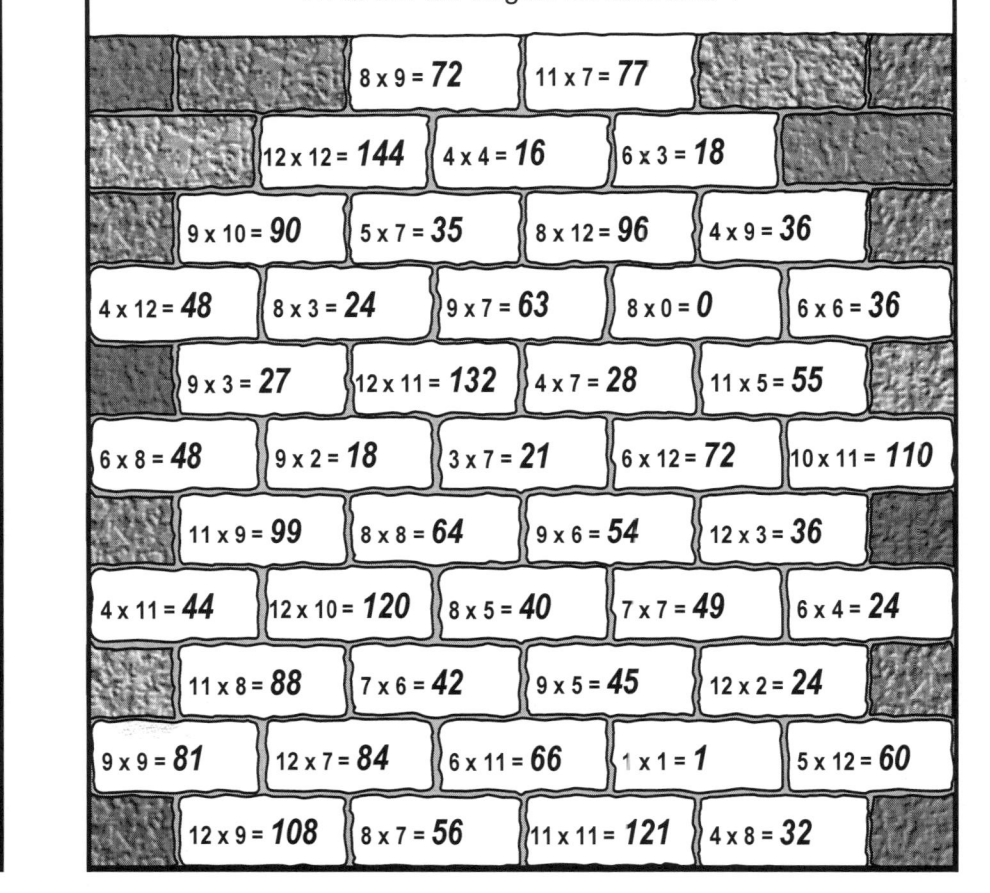

18 Total 45

What was the final score ?

How fast was it completed ?

Were the previous targets beaten ?

What are the targets for next time ?

		8 x 9 = 72		11 x 7 = 77		
	12 x 12 = 144	4 x 4 = 16		6 x 3 = 18		
		5 x 7 = 35		4 x 9 = 36		
9 x 10 = 90	8 x 3 = 24	9 x 7 = 63	8 x 12 = 96	6 x 6 = 36		
4 x 12 = 48	9 x 3 = 27	12 x 11 = 132	4 x 7 = 28	8 x 0 = 0		
		3 x 7 = 21		11 x 5 = 55		
6 x 8 = 48	9 x 2 = 18	8 x 8 = 64	6 x 12 = 72	10 x 11 = 110		
	11 x 9 = 99	12 x 10 = 120	8 x 5 = 40	9 x 6 = 54	12 x 3 = 36	
4 x 11 = 44	11 x 8 = 88	7 x 6 = 42	7 x 7 = 49	6 x 4 = 24		
9 x 9 = 81	12 x 7 = 84	6 x 11 = 66	9 x 5 = 45	12 x 2 = 24		
	12 x 9 = 108	8 x 7 = 56	11 x 11 = 121	1 x 1 = 1	5 x 12 = 60	
				4 x 8 = 32		

ANSWERS

THE WALL

19 Total 45

© 2014 Tony Colledge

What was the final score ?

How fast was it completed ?

Were the previous targets beaten ?

What are the targets for next time ?

15 × 9 = 135	12 × 12 = 144		
8 × 6 = 48	3 × 12 = 36	11 × 10 = 110	
8 × 7 = 56	4 × 15 = 60	9 × 9 = 81	12 × 4 = 48
7 × 11 = 77	12 × 11 = 132	1 × 1 = 1	15 × 7 = 105
6 × 9 = 54	8 × 4 = 32	12 × 10 = 120	7 × 7 = 49
11 × 9 = 99	15 × 6 = 90	12 × 7 = 84	8 × 8 = 64
5 × 8 = 40	11 × 11 = 121	6 × 12 = 72	9 × 8 = 72
4 × 7 = 28	12 × 5 = 60	7 × 6 = 42	11 × 8 = 88
25 × 8 = 200	11 × 5 = 55	6 × 6 = 36	6 × 25 = 150
9 × 12 = 108	10 × 15 = 150	7 × 6 = 42	8 × 12 = 96
15 × 5 = 75	6 × 4 = 24	10 × 9 = 90	4 × 11 = 44
2 × 12 = 24			4 × 0 = 0
9 × 7 = 63			
12 × 5 = 60			

ANSWERS

THE WALL

20 Total 45

© 2014 Tony Colledge

What was the final score ?

How fast was it completed ?

Were the previous targets beaten ?

What are the targets for next time ?

	8 × 7 = 56	15 × 6 = 90	
6 × 6 = 36	2 × 12 = 24	25 × 4 = 100	7 × 9 = 63
11 × 8 = 88	6 × 4 = 24	8 × 12 = 96	9 × 10 = 90
8 × 6 = 48	9 × 4 = 36	6 × 25 = 150	12 × 7 = 84
5 × 12 = 60	4 × 8 = 32	11 × 11 = 121	8 × 5 = 40
4 × 12 = 48	11 × 10 = 110	7 × 11 = 77	12 × 10 = 150
15 × 0 = 0	12 × 3 = 36	15 × 9 = 135	7 × 4 = 28
9 × 9 = 81	6 × 7 = 42	1 × 1 = 1	15 × 10 = 150
9 × 8 = 72	7 × 15 = 105	6 × 11 = 66	12 × 5 = 60
12 × 9 = 108	5 × 15 = 75	25 × 5 = 125	8 × 25 = 200
	12 × 6 = 72	8 × 8 = 64	12 × 11 = 132
	9 × 6 = 54	15 × 4 = 60	7 × 7 = 49
		9 × 12 = 144	9 × 11 = 99
			12 × 12 = 144

Beat The Wall

Beat The Wall 1 to 14 are a set of worksheets that test recall of multiplication facts from answers in the 2 to 10 times tables.

Do not allow the use of any number smaller than 2 or bigger than 10.
E.g. For the question 24 = ? x ? answers like 24 x 1 or 2 x 12 or -4 x -6 are **mathematically correct** and can be discussed if they arise but will cause problems if allowed at this stage as pupils might start answering 56 = 56 x 1 or 56 = 2 x 28, which steers away from the main purpose of learning that 56 = 7 x 8.

Beat The Wall 15 and 16 include the 11 times table so allow answers only from 2 to 11.
Beat The Wall 17 to 20 also include the 12 times table so now allow answers from 2 to 12.

Answers are provided at the end of this section.

Answers are given as factor pairs like 5, 8.
When reading them out I usually said, "5 with 8" so the pupils understood that they can be reversed.
Where there are 2 possible answers on some bricks e.g. for 24 then different factor pairs must be used. They cannot use 4, 6 and 6, 4.
Bricks with 2 answers get a mark for each different factor pair.

An example of a pupil record sheet is provided with the answers.

NAME: _____   DATE: _____

BEAT THE WALL

© 2014 Tony Colledge   **KEY FOCUS**: *The 2 to 10 times tables*

How many did you get right ?

How fast did you do it ?

Can you beat your best score and time ?

THE CHALLENGE IS ON !

SCORE	/45
mins	secs
TARGETS	/45
mins	secs

4 =   x

6 =   x   8 =   x

9 =   x   10 =   x   12 =   x
                         12 =   x

14 =   x   15 =   x   16 =   x   18 =   x
                        16 =   x   18 =   x

20 =   x   21 =   x   24 =   x   25 =   x   27 =   x
20 =   x   24 =   x

28 =   x   30 =   x   32 =   x   35 =   x
            30 =   x

36 =   x   40 =   x   42 =   x   45 =   x   48 =   x
36 =   x   40 =   x

49 =   x   50 =   x   54 =   x   56 =   x

60 =   x   63 =   x   64 =   x   70 =   x   72 =   x

80 =   x   81 =   x   90 =   x   100 =   x

NAME: _____   DATE: _____

BEAT THE WALL   2

© 2014 Tony Colledge   **KEY FOCUS**: *The 2 to 10 times tables*

How many did you get right ?   SCORE /45

How fast did you do it ?   mins   secs

Can you beat your best score and time ?   TARGETS /45

THE CHALLENGE IS ON !   mins   secs

---

100 = x

81 = x   90 = x

70 = x   72 = x   80 = x

56 = x   60 = x   63 = x   64 = x

45 = x   48 = x   49 = x   50 = x   54 = x

35 = x   36 = x   40 = x   42 = x
           36 = x   40 = x

25 = x   27 = x   28 = x   30 = x   32 = x
                              30 = x

18 = x   20 = x   21 = x   24 = x
18 = x   20 = x   24 = x

10 = x   12 = x   14 = x   15 = x   16 = x
          12 = x   16 = x

4 = x   6 = x   8 = x   9 = x

NAME: _____   DATE: _____

BEAT THE WALL

© 2014 Tony Colledge   **KEY FOCUS**: *The 2 to 10 times tables*

How many did you get right ?

How fast did you do it ?

Can you beat your best score and time ?

THE CHALLENGE IS ON !

SCORE	/ 45
mins	secs
TARGETS	/ 45
mins	secs

36 = x
36 = x

35 = x
40 = x
40 = x

30 = x
30 = x
42 = x
32 = x

27 = x
45 = x
28 = x
48 = x

21 = x
49 = x
24 = x
24 = x
50 = x
25 = x

18 = x
18 = x
54 = x
20 = x
20 = x
56 = x

14 = x
60 = x
15 = x
63 = x
16 = x
16 = x

64 = x
10 = x
70 = x
12 = x
12 = x

72 = x
8 = x
80 = x
9 = x
81 = x

4 = x
90 = x
6 = x
100 = x

NAME: _____ DATE: _____

BEAT THE WALL

© 2014 Tony Colledge   **KEY FOCUS**: *The 2 to 10 times tables*

How many did you get right ?

How fast did you do it ?

Can you beat your best score and time ?

THE CHALLENGE IS ON !

SCORE	/45
mins	secs
TARGETS	/45
mins	secs

---

100 = x

81 = x   9 = x

80 = x   18 = x   90 = x
           18 = x

42 = x   15 = x   56 = x   12 = x
                                 12 = x

48 = x   70 = x   25 = x   60 = x   54 = x

14 = x   24 = x   35 = x   64 = x
           24 = x

63 = x   50 = x   6 = x   40 = x   28 = x
                                40 = x

72 = x   36 = x   8 = x   45 = x
           36 = x

27 = x   30 = x   16 = x   20 = x   49 = x
           30 = x   16 = x   20 = x

32 = x   10 = x   21 = x   4 = x

NAME: _____   DATE: _____

BEAT THE WALL

© 2014 Tony Colledge   **KEY FOCUS**: *The 2 to 10 times tables*

How many did you get right ?

How fast did you do it ?

Can you beat your best score and time ?

THE CHALLENGE IS ON !

SCORE	/45
mins	secs
TARGETS	/45
mins	secs

24 = x
24 = x

27 = x   70 = x

15 = x   30 = x   48 = x
           30 = x

40 = x   72 = x   6 = x   18 = x
40 = x   18 = x

54 = x   4 = x   36 = x   50 = x   49 = x
                      36 = x

16 = x   35 = x   90 = x   8 = x
16 = x

64 = x   20 = x   81 = x   60 = x   12 = x
           20 = x   12 = x

21 = x   32 = x   14 = x   42 = x

10 = x   56 = x   25 = x   63 = x   80 = x

9 = x   100 = x   28 = x   45 = x

NAME: _____ DATE: _____

BEAT THE WALL

© 2014 Tony Colledge   **KEY FOCUS**: *The 2 to 10 times tables*

How many did you get right ?

How fast did you do it ?

Can you beat your best score and time ?

THE CHALLENGE IS ON !

SCORE	/45
mins	secs
TARGETS	/45
mins	secs

54 =   x

60 =   x   56 =   x

72 =   x   16 =   x   42 =   x
            16 =   x

28 =   x   12 =   x   40 =   x   64 =   x
            12 =   x   40 =   x

81 =   x   20 =   x   9 =   x   36 =   x   50 =   x
            20 =   x   36 =   x

27 =   x   30 =   x   18 =   x   90 =   x
            30 =   x   18 =   x

49 =   x   8 =   x   63 =   x   6 =   x   24 =   x
                                               24 =   x

10 =   x   35 =   x   15 =   x   21 =   x

45 =   x   100 =   x   14 =   x   80 =   x   48 =   x

25 =   x   4 =   x   70 =   x   32 =   x

NAME: _____   DATE: _____

BEAT THE WALL

© 2014 Tony Colledge   **KEY FOCUS**: The 2 to 10 times tables

How many did you get right ?   **SCORE** / 45

How fast did you do it ?   mins   secs

Can you beat your best score and time ?   **TARGETS** / 45

THE CHALLENGE IS ON !   mins   secs

		72 = x		
	63 = x	25 = x		
16 = x 16 = x	81 = x	40 = x 40 = x		
8 = x	90 = x	28 = x	54 = x	
49 = x	30 = x 30 = x	4 = x	18 = x 18 = x	64 = x
35 = x	14 = x	80 = x	48 = x	
9 = x	100 = x	50 = x	24 = x 24 = x	56 = x
20 = x 20 = x	21 = x	32 = x	70 = x	
27 = x	6 = x	15 = x	12 = x 12 = x	10 = x
60 = x	36 = x 36 = x	42 = x	45 = x	

NAME: _____ DATE: _____

BEAT THE WALL

© 2014 Tony Colledge   **KEY FOCUS**: *The 2 to 10 times tables*

How many did you get right ?   SCORE / 45

How fast did you do it ?   mins   secs

Can you beat your best score and time ?   TARGETS / 45

THE CHALLENGE IS ON !   mins   secs

63 = x

48 = x   64 = x

56 = x   100 = x   35 = x

20 = x
20 = x   72 = x   21 = x   16 = x
                              16 = x

50 = x   36 = x   81 = x   24 = x   60 = x
          36 = x   24 = x

42 = x   12 = x   40 = x   4 = x
          12 = x   40 = x

70 = x   18 = x   54 = x   30 = x   9 = x
          18 = x   30 = x

25 = x   14 = x   10 = x   28 = x

8 = x   45 = x   27 = x   15 = x   90 = x

32 = x   80 = x   6 = x   49 = x

NAME: _____   DATE: _____

BEAT THE WALL

© 2014 Tony Collodge   **KEY FOCUS**: *The 2 to 10 times tables*

How many did you get right ?

How fast did you do it ?

Can you beat your best score and time ?

THE CHALLENGE IS ON !

SCORE	/ 45
mins	secs
TARGETS	/ 45
mins	secs

42 =   x

72 =   x   28 =   x

81 =   x   40 =   x   56 =   x
             40 =   x

14 =   x   45 =   x   60 =   x   32 =   x

48 =   x   12 =   x   100 =   x   36 =   x   4 =   x
             12 =   x   36 =   x

70 =   x   6 =   x   64 =   x   49 =   x

16 =   x   25 =   x   20 =   x   35 =   x   30 =   x
16 =   x   20 =   x   30 =   x

50 =   x   27 =   x   21 =   x   80 =   x

10 =   x   18 =   x   90 =   x   24 =   x   8 =   x
             18 =   x   24 =   x

9 =   x   54 =   x   15 =   x   63 =   x

NAME: _____   DATE: _____

BEAT THE WALL

© 2014 Tony Colledge   **KEY FOCUS**: *The 2 to 10 times tables*

How many did you get right ?

How fast did you do it ?

Can you beat your best score and time ?

THE CHALLENGE IS ON !

SCORE	/45
mins	secs
TARGETS	/45
mins	secs

36 =   x
36 =   x

54 =   x

49 =   x

64 =   x

20 =   x
20 =   x

81 =   x

50 =   x

8 =   x

28 =   x

90 =   x

15 =   x

48 =   x

12 =   x
12 =   x

100 =   x

6 =   x

18 =   x
18 =   x

60 =   x

72 =   x

30 =   x
30 =   x

4 =   x

63 =   x

16 =   x
16 =   x

45 =   x

21 =   x

32 =   x

80 =   x

25 =   x

56 =   x

35 =   x

24 =   x
24 =   x

14 =   x

40 =   x
40 =   x

9 =   x

70 =   x

27 =   x

10 =   x

42 =   x

NAME: _____   DATE: _____

BEAT THE WALL   11

© 2014 Tony Colledgo   **KEY FOCUS**: *The 2 to 10 times tables*

How many did you get right ?   SCORE /45

How fast did you do it ?   mins   secs

Can you beat your best score and time ?   TARGETS /45

THE CHALLENGE IS ON !   mins   secs

63 = x

48 = x   81 = x

27 = x   64 = x   14 = x

21 = x   72 = x   60 = x   49 = x

100 = x   16 = x   45 = x   18 = x   25 = x
           16 = x   18 = x

6 = x   36 = x   20 = x   70 = x
           36 = x   20 = x

40 = x   54 = x   10 = x   42 = x   12 = x
40 = x   12 = x

35 = x   4 = x   90 = x   15 = x

50 = x   8 = x   56 = x   28 = x   9 = x

24 = x   80 = x   32 = x   30 = x
24 = x   30 = x

NAME: _____   DATE: _____

BEAT THE WALL

© 2014 Tony Colledge   **KEY FOCUS**: *The 2 to 10 times tables*

How many did you get right ?

How fast did you do it ?

Can you beat your best score and time ?

THE CHALLENGE IS ON !

12

SCORE	/45
mins	secs
TARGETS	/45
mins	secs

45 =   x

56 =   x   28 =   x

9 =   x   64 =   x   70 =   x

81 =   x   12 =   x   40 =   x   42 =   x
             12 =   x   40 =   x

48 =   x   10 =   x   16 =   x   100 =   x   27 =   x
                          16 =   x

32 =   x   20 =   x   36 =   x   80 =   x
             20 =   x   36 =   x

90 =   x   14 =   x   18 =   x   63 =   x   6 =   x
                          18 =   x

8 =   x   24 =   x   30 =   x   72 =   x
            24 =   x   30 =   x

49 =   x   15 =   x   54 =   x   60 =   x   25 =   x

21 =   x   50 =   x   4 =   x   35 =   x

NAME: _____   DATE: _____

BEAT THE WALL

© 2014 Tony Colledge

KEY FOCUS: *The 2 to 10 times tables*

How many did you get right ?

How fast did you do it ?

Can you beat your best score and time ?

THE CHALLENGE IS ON !

SCORE	/45
mins	secs
TARGETS	/45
mins	secs

72 = x

36 = x
36 = x

24 = x
24 = x

40 = x
40 = x

35 = x

16 = x
16 = x

18 = x
18 = x

49 = x

48 = x

20 = x
20 = x

30 = x
30 = x

8 = x

81 = x

70 = x

12 = x
12 = x

9 = x

64 = x

63 = x

10 = x

56 = x

6 = x

100 = x

21 = x

54 = x

90 = x

42 = x

32 = x

80 = x

27 = x

14 = x

50 = x

15 = x

28 = x

25 = x

60 = x

45 = x

4 = x

NAME: _____   DATE: _____

BEAT THE WALL

© 2014 Tony Colledge   **KEY FOCUS**: *The 2 to 10 times tables*

How many did you get right ?

How fast did you do it ?

Can you beat your best score and time ?

THE CHALLENGE IS ON !

SCORE	/45
mins	secs
TARGETS	/45
mins	secs

14

64 =   x

63 =   x   72 =   x

54 =   x   14 =   x   27 =   x

42 =   x   90 =   x   48 =   x   21 =   x

15 =   x   12 =   x   28 =   x   30 =   x   49 =   x
             12 =   x   30 =   x

6 =   x   40 =   x   18 =   x   70 =   x
             40 =   x   18 =   x

60 =   x   16 =   x   4 =   x   24 =   x   56 =   x
             16 =   x   24 =   x

81 =   x   36 =   x   20 =   x   35 =   x
             36 =   x   20 =   x

25 =   x   10 =   x   32 =   x   100 =   x   9 =   x

80 =   x   45 =   x   8 =   x   50 =   x

NAME: _____   DATE: _____

BEAT THE WALL

15

© 2014 Tony Colledgo

KEY FOCUS: *The 2 to 11 times tables*

How many did you get right ?

How fast did you do it ?

Can you beat your best score and time ?

THE CHALLENGE JUST GOT HARDER

SCORE	/45
mins	secs
TARGETS	/45
mins	secs

42 = x

55 = x 　　 64 = x

18 = x 　　 110 = x 　　 49 = x
18 = x

27 = x 　　 35 = x 　　 54 = x 　　 15 = x

24 = x 　　 33 = x 　　 30 = x 　　 72 = x 　　 100 = x
24 = x 　　　　　　　　 30 = x

20 = x 　　 77 = x 　　 48 = x 　　 14 = x
20 = x

32 = x 　　 44 = x 　　 36 = x 　　 21 = x 　　 12 = x
　　　　　　　　　　　 36 = x 　　　　　　　 12 = x

88 = x 　　 56 = x 　　 28 = x 　　 25 = x

121 = x 　　 66 = x 　　 40 = x 　　 99 = x 　　 81 = x
　　　　　　　　　　　 40 = x

16 = x 　　 22 = x 　　 45 = x 　　 63 = x
16 = x

NAME: _____ DATE: _____

BEAT THE WALL

© 2014 Tony Colledge   **KEY FOCUS**: *The 2 to 11 times tables*

16

How many did you get right ? | SCORE | /45 |

How fast did you do it ? | mins | secs |

Can you beat your best score and time ? | TARGETS | /45 |

THE CHALLENGE JUST GOT HARDER | mins | secs |

---

72 =   x

88 =   x   28 =   x

30 =   x
30 =   x   121 =   x   63 =   x

81 =   x   32 =   x   66 =   x   14 =   x

40 =   x
40 =   x   44 =   x   18 =   x
18 =   x   42 =   x   110 =   x

36 =   x
36 =   x   99 =   x   56 =   x   15 =   x

35 =   x   49 =   x   20 =   x
20 =   x   22 =   x   16 =   x
16 =   x

55 =   x   21 =   x   64 =   x   45 =   x

100 =   x   54 =   x   24 =   x
24 =   x   77 =   x   27 =   x

12 =   x
12 =   x   33 =   x   25 =   x   48 =   x

NAME: _____   DATE: _____

BEAT THE WALL

© 2014 Tony Colledge

KEY FOCUS: *The 2 to 12 times tables*

How many did you get right ?

How fast did you do it ?

Can you beat your best score and time ?

THE CHALLENGE JUST GOT HARDER

SCORE	/48
mins	secs
TARGETS	/48
mins	secs

144 = x

121 = x   132 = x

99 = x   108 = x   110 = x

81 = x   84 = x   88 = x   96 = x

60 = x   63 = x   64 = x   66 = x   72 = x
60 = x   72 = x

49 = x   54 = x   55 = x   56 = x

36 = x   40 = x   42 = x   45 = x   48 = x
         40 = x   48 = x

30 = x   32 = x   35 = x   36 = x
30 = x   36 = x

24 = x   24 = x   25 = x   27 = x   28 = x
         24 = x

12 = x   16 = x   18 = x   20 = x
12 = x   16 = x   18 = x   20 = x

BEAT THE WALL

18

© 2014 Tony Colledge

KEY FOCUS: *The 2 to 12 times tables*

How many did you get right ?

How fast did you do it ?

Can you beat your best score and time ?

THE CHALLENGE JUST GOT HARDER

SCORE /48

mins   secs

TARGETS /48

mins   secs

NAME: _____   DATE: _____

121 =   x

24 =   x
24 =   x

24 =   x

56 =   x

16 =   x
16 =   x

84 =   x

144 =   x

42 =   x

20 =   x
20 =   x

25 =   x

72 =   x
72 =   x

88 =   x

40 =   x
40 =   x

81 =   x

100 =   x

96 =   x

30 =   x
30 =   x

66 =   x

45 =   x

49 =   x

18 =   x
18 =   x

35 =   x

36 =   x
36 =   x

36 =   x

64 =   x

132 =   x

55 =   x

27 =   x

63 =   x

48 =   x
48 =   x

110 =   x

12 =   x
12 =   x

28 =   x

32 =   x

54 =   x

99 =   x

60 =   x
60 =   x

NAME: _____   DATE: _____

BEAT THE WALL

© 2014 Tony Colledge   **KEY FOCUS**: *The 2 to 12 times tables*

How many did you get right ?

How fast did you do it ?

Can you beat your best score and time ?

THE CHALLENGE JUST GOT HARDER

SCORE	/48
mins	secs
TARGETS	/48
mins	secs

19

110 =   x

36 =   x
36 =   x

36 =   x

45 =   x

60 =   x
60 =   x

66 =   x

132 =   x

49 =   x

30 =   x
30 =   x

27 =   x

12 =   x
12 =   x

28 =   x

48 =   x
48 =   x

63 =   x

54 =   x

99 =   x

18 =   x
18 =   x

84 =   x

56 =   x

42 =   x

20 =   x
20 =   x

32 =   x

24 =   x
24 =   x

24 =   x

55 =   x

144 =   x

64 =   x

25 =   x

81 =   x

40 =   x
40 =   x

121 =   x

72 =   x
72 =   x

88 =   x

35 =   x

100 =   x

96 =   x

16 =   x
16 =   x

NAME: _____ DATE: _____

BEAT THE WALL

© 2014 Tony Colledge   **KEY FOCUS**: *The 2 to 12 times tables*

How many did you get right ?

How fast did you do it ?

Can you beat your best score and time ?

THE CHALLENGE JUST GOT HARDER

SCORE /48

mins   secs

TARGETS /48

mins   secs

84 =   x

144 =   x   63 =   x

28 =   x   20 =   x   96 =   x
              20 =   x

81 =   x   30 =   x   16 =   x   66 =   x
              30 =   x   16 =   x

56 =   x   108 =   x   110 =   x   132 =   x   49 =   x

24 =   x   24 =   x   36 =   x   36 =   x
24 =   x   36 =   x

88 =   x   72 =   x   64 =   x   60 =   x   35 =   x
              72 =   x   60 =   x

27 =   x   12 =   x   40 =   x   55 =   x
              12 =   x   40 =   x

45 =   x   18 =   x   42 =   x   48 =   x   25 =   x
              18 =   x   48 =   x

32 =   x   121 =   x   54 =   x   99 =   x

Beat The Wall

ANSWERS

DATE	TASK	SCORE	TIME	TARGET(S)
DATE	TASK	SCORE	TIME	TARGET(S)

ANSWERS

BEAT THE WALL 1

Total 45

What was the final score ?

How fast was it completed ?

Were the previous targets beaten ?

What are the targets for next time ?

© 2014 Tony Colledge

		4 = 2,2		
	6 = 2,3	10 = 2,5	16 = 2,8 / 16 = 4,4	
9 = 3,3	15 = 3,5	24 = 3,8 / 24 = 4,6	12 = 2,6 / 12 = 3,4	18 = 2,9 / 18 = 3,6	25 = 5,5	27 = 3,9
14 = 2,7	21 = 3,7	30 = 3,10 / 30 = 5,6	32 = 4,8	35 = 5,7		
28 = 4,7	40 = 4,10 / 40 = 5,8	42 = 6,7	45 = 5,9	48 = 6,8		
36 = 4,9 / 36 = 6,6	50 = 5,10	54 = 6,9	56 = 7,8			
49 = 7,7	63 = 7,9	64 = 8,8	70 = 7,10	72 = 8,9		
60 = 6,10 / 60 = 4,5	81 = 9,9	90 = 9,10	100 = 10,10			
80 = 8,10						

ANSWERS

BEAT THE WALL 2

Total 45

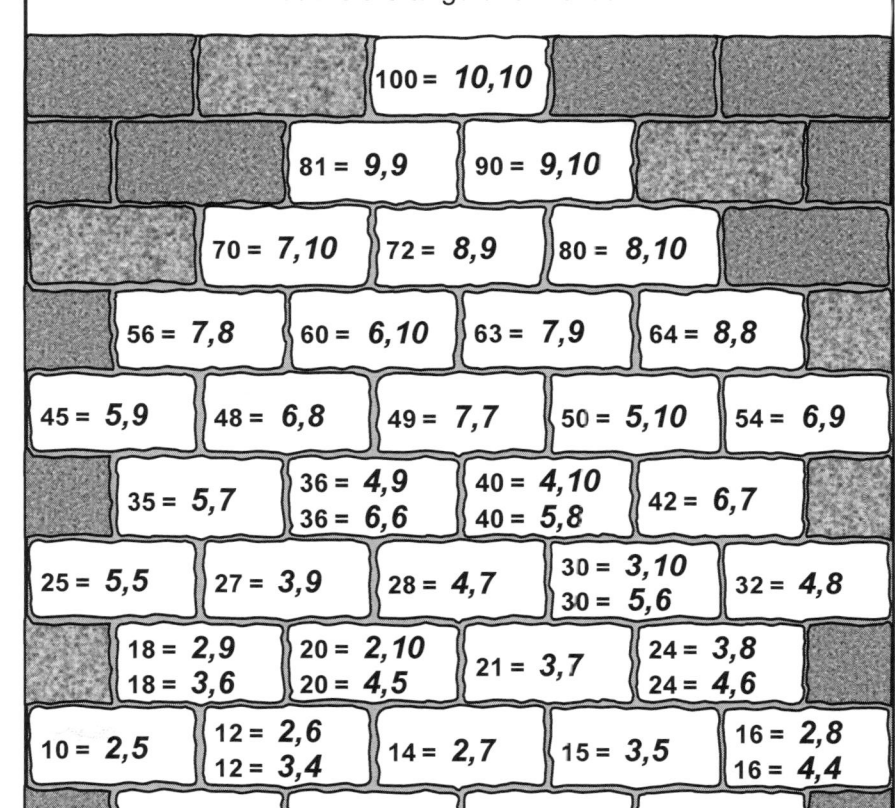

What was the final score ?

How fast was it completed ?

Were the previous targets beaten ?

What are the targets for next time ?

© 2014 Tony Colledge

			100 = 10,10	
	70 = 7,10	81 = 9,9	90 = 9,10	80 = 8,10	54 = 6,9
56 = 7,8	48 = 6,8	60 = 6,10	72 = 8,9	63 = 7,9	64 = 8,8	42 = 6,7
45 = 5,9	35 = 5,7	36 = 4,9 / 36 = 6,6	49 = 7,7	40 = 4,10 / 40 = 5,8	50 = 5,10	32 = 4,8
25 = 5,5	27 = 3,9	28 = 4,7	30 = 3,10 / 30 = 5,6	24 = 3,8 / 24 = 4,6	16 = 2,8 / 16 = 4,4
	18 = 2,9 / 18 = 3,6	20 = 2,10 / 20 = 4,5	21 = 3,7	15 = 3,5	
10 = 2,5	12 = 2,6 / 12 = 3,4	14 = 2,7	8 = 2,4	9 = 3,3
4 = 2,2	6 = 2,3			

ANSWERS

BEAT THE WALL 4

Total 45

What was the final score ?

How fast was it completed ?

Were the previous targets beaten ?

What are the targets for next time ?

© 2014 Tony Colledge

	100 = 10,10			
	81 = 9,9	9 = 3,3	90 = 9,10	12 = 2,6 / 12 = 3,4 54 = 6,9
80 = 8,10	18 = 2,9 / 18 = 3,6	56 = 7,8	60 = 6,10	64 = 8,8
42 = 6,7	15 = 3,5	25 = 5,5	35 = 5,7	28 = 4,7
70 = 7,10	24 = 3,8 / 24 = 4,6	6 = 2,3	40 = 4,10 / 40 = 5,8	45 = 5,9
48 = 6,8	14 = 2,7	50 = 5,10	36 = 4,9 / 36 = 6,6	8 = 2,4
63 = 7,9	72 = 8,9	30 = 3,10 / 30 = 5,6	16 = 2,8 / 16 = 4,4	20 = 2,10 / 20 = 4,5 49 = 7,7
	27 = 3,9	10 = 2,5	21 = 3,7	4 = 2,2
		32 = 4,8		

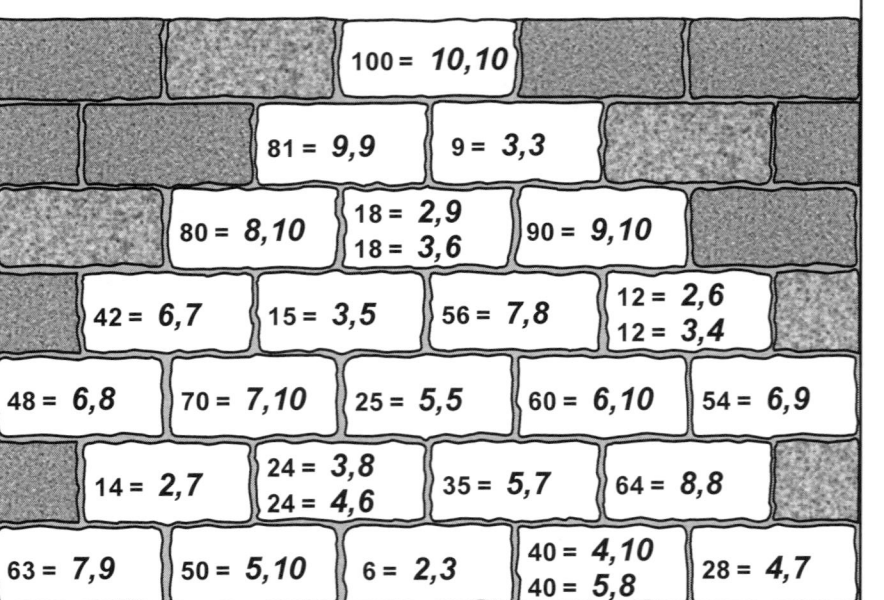

ANSWERS

BEAT THE WALL 3

Total 45

What was the final score ?

How fast was it completed ?

Were the previous targets beaten ?

What are the targets for next time ?

© 2014 Tony Colledge

	36 = 4,9 / 36 = 6,6	40 = 4,10 / 40 = 5,8	32 = 4,8	48 = 6,8 25 = 5,5
35 = 5,7	42 = 6,7	28 = 4,7	50 = 5,10	56 = 7,8 16 = 2,8 / 16 = 4,4
30 = 3,10 / 30 = 5,6	45 = 5,9	24 = 3,8 / 24 = 4,6	20 = 2,10 / 20 = 4,5	63 = 7,9 12 = 2,6 / 12 = 3,4
27 = 3,9	49 = 7,7	54 = 6,9	15 = 3,5	70 = 7,10 81 = 9,9
21 = 3,7	60 = 6,10		10 = 2,5	80 = 8,10 9 = 3,3
18 = 2,9 / 18 = 3,6	64 = 8,8	8 = 2,4	90 = 9,10	6 = 2,3 100 = 10,10
14 = 2,7				
72 = 8,9	4 = 2,2			

ANSWERS

BEAT THE WALL 6

Total 45

What was the final score ?

How fast was it completed ?

Were the previous targets beaten ?

What are the targets for next time ?

© 2014 Tony Colledge

54 = 6,9			
	60 = 6,10	56 = 7,8	
	72 = 8,9	16 = 2,8 16 = 4,4	42 = 6,7
28 = 4,7	12 = 2,6 12 = 3,4	40 = 4,10 40 = 5,8	64 = 8,8
81 = 9,9	20 = 2,10 20 = 4,5	9 = 3,3	50 = 5,10
	30 = 3,10 30 = 5,6	36 = 4,9 36 = 6,6	90 = 9,10
49 = 7,7	8 = 2,4	18 = 2,9 18 = 3,6	24 = 3,8 24 = 4,6
	35 = 5,7	63 = 7,9	21 = 3,7
45 = 5,9	10 = 2,5	15 = 3,5	48 = 6,8
	100 = 10,10	14 = 2,7	
25 = 5,5	4 = 2,2	70 = 7,10	32 = 4,8

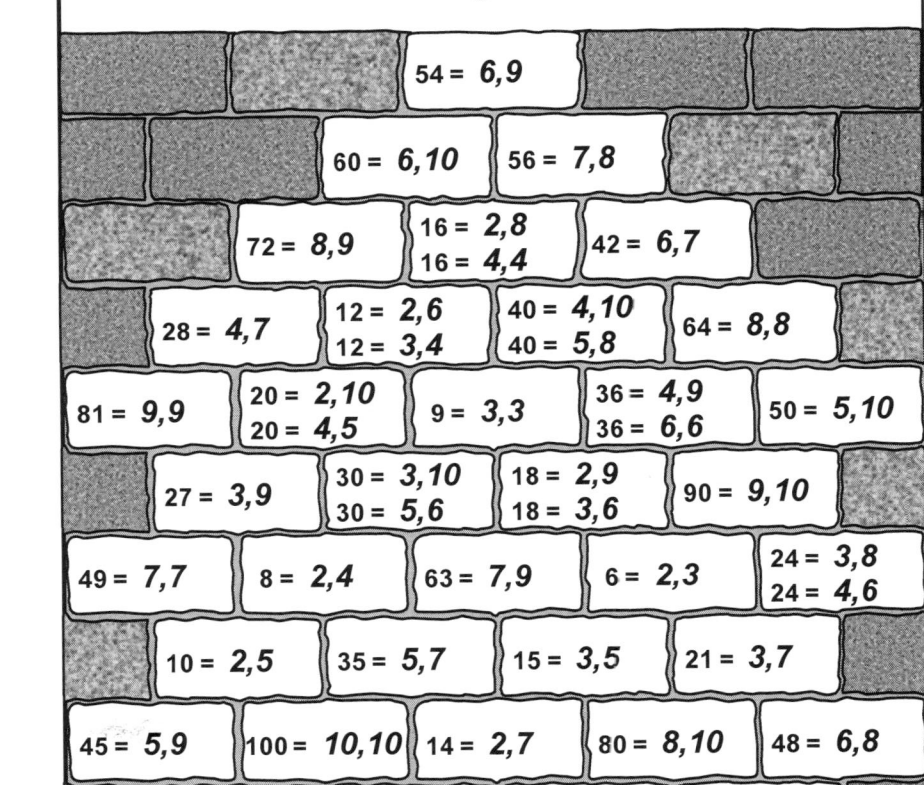

ANSWERS

BEAT THE WALL 5

Total 45

© 2014 Tony Colledge

What was the final score ?

How fast was it completed ?

Were the previous targets beaten ?

What are the targets for next time ?

	24 = 3,8 24 = 4,6		
	27 = 3,9	70 = 7,10	
		30 = 3,10 30 = 5,6	48 = 6,8
15 = 3,5	72 = 8,9	6 = 2,3	18 = 2,9 18 = 3,6
40 = 4,10 40 = 5,8	4 = 2,2	36 = 4,9 36 = 6,6	50 = 5,10	49 = 7,7
54 = 6,9	35 = 5,7	90 = 9,10	8 = 2,4
16 = 2,8 16 = 4,4	81 = 9,9	60 = 6,10	12 = 2,6 12 = 3,4
64 = 8,8	20 = 2,10 20 = 4,5	14 = 2,7	42 = 6,7
21 = 3,7	32 = 4,8	63 = 7,9	80 = 8,10
10 = 2,5	56 = 7,8	25 = 5,5	28 = 4,7	45 = 5,9
9 = 3,3		100 = 10,10	

ANSWERS

BEAT THE WALL

© 2014 Tony Colledge

Total 7 45

What was the final score ?

How fast was it completed ?

Were the previous targets beaten ?

What are the targets for next time ?

72 = 8,9		
63 = 7,9	25 = 5,5	40 = 4,10 / 40 = 5,8
16 = 2,8 / 16 = 4,4	81 = 9,9	28 = 4,7	54 = 6,9
8 = 2,4	90 = 9,10	4 = 2,2	64 = 8,8
35 = 5,7	30 = 3,10 / 30 = 5,6	14 = 2,7	80 = 8,10	48 = 6,8
9 = 3,3	100 = 10,10	21 = 3,7	50 = 5,10	24 = 3,8 / 24 = 4,6	70 = 7,10
	20 = 2,10 / 20 = 4,5	15 = 3,5	32 = 4,8	12 = 2,6 / 12 = 3,4	10 = 2,5
27 = 3,9	6 = 2,3	36 = 4,9 / 36 = 6,6	42 = 6,7	45 = 5,9
49 = 7,7	60 = 6,10	18 = 2,9 / 18 = 3,6		

ANSWERS

BEAT THE WALL

© 2014 Tony Colledge

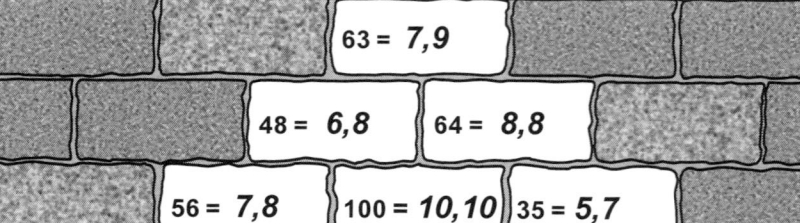

Total 8 45

What was the final score ?

How fast was it completed ?

Were the previous targets beaten ?

What are the targets for next time ?

	63 = 7,9		
48 = 6,8	64 = 8,8		
56 = 7,8	100 = 10,10	35 = 5,7	16 = 2,8 / 16 = 4,4
20 = 2,10 / 20 = 4,5	72 = 8,9	21 = 3,7	24 = 3,8 / 24 = 4,6	60 = 6,10
50 = 5,10	36 = 4,9 / 36 = 6,6	81 = 9,9	40 = 4,10 / 40 = 5,8	4 = 2,2
	42 = 6,7	12 = 2,6 / 12 = 3,4	54 = 6,9	30 = 3,10 / 30 = 5,6	9 = 3,3
70 = 7,10	18 = 2,9 / 18 = 3,6	14 = 2,7	10 = 2,5	28 = 4,7
25 = 5,5	45 = 5,9	27 = 3,9	15 = 3,5	90 = 9,10
8 = 2,4	32 = 4,8	80 = 8,10	6 = 2,3	49 = 7,7

ANSWERS

BEAT THE WALL 9

Total 45

© 2014 Tony Colledge

What was the final score ?

How fast was it completed ?

Were the previous targets beaten ?

What are the targets for next time ?

	42 = 6,7				
	72 = 8,9	28 = 4,7	56 = 7,8	32 = 4,8	
14 = 2,7	40 = 4,10 / 40 = 5,8	100 = 10,10	60 = 6,10	36 = 4,9 / 36 = 6,6	49 = 7,7	4 = 2,2
81 = 9,9	45 = 5,9	6 = 2,3	64 = 8,8	20 = 2,10 / 20 = 4,5	35 = 5,7	30 = 3,10 / 30 = 5,6
48 = 6,8	12 = 2,6 / 12 = 3,4		27 = 3,9	21 = 3,7	80 = 8,10	8 = 2,4
70 = 7,10	25 = 5,5	18 = 2,9 / 18 = 3,6	90 = 9,10		24 = 3,8 / 24 = 4,6	63 = 7,9
16 = 2,8 / 16 = 4,4			54 = 6,9	15 = 3,5		
10 = 2,5						
9 = 3,3						

BEAT THE WALL 10

Total 45

© 2014 Tony Colledge

What was the final score ?

How fast was it completed ?

Were the previous targets beaten ?

What are the targets for next time ?

			36 = 4,9 / 36 = 6,6		
	64 = 8,8	54 = 6,9		49 = 7,7	
50 = 5,10	48 = 6,8	8 = 2,4	20 = 2,10 / 20 = 4,5	81 = 9,9		
15 = 3,5		12 = 2,6 / 12 = 3,4	28 = 4,7	90 = 9,10	6 = 2,3	
18 = 2,9 / 18 = 3,6	63 = 7,9	60 = 6,10	72 = 8,9	100 = 10,10	30 = 3,10 / 30 = 5,6	
4 = 2,2	32 = 4,8	16 = 2,8 / 16 = 4,4	45 = 5,9	56 = 7,8	21 = 3,7	
35 = 5,7	24 = 3,8 / 24 = 4,6	80 = 8,10	25 = 5,5	40 = 4,10 / 40 = 5,8	14 = 2,7	9 = 3,3
70 = 7,10	27 = 3,9		10 = 2,5	42 = 6,7		

ANSWERS

BEAT THE WALL 11

Total 45

© 2014 Tony Colledge

What was the final score ?

How fast was it completed ?

Were the previous targets beaten ?

What are the targets for next time ?

		63 = 7,9		
	48 = 6,8	81 = 9,9	14 = 2,7	49 = 7,7
27 = 3,9	72 = 8,9	60 = 6,10	18 = 2,9 / 18 = 3,6	25 = 5,5
21 = 3,7	64 = 8,8	45 = 5,9	20 = 2,10 / 20 = 4,5	70 = 7,10
16 = 2,8 / 16 = 4,4	36 = 4,9 / 36 = 6,6	10 = 2,5	42 = 6,7	12 = 2,6 / 12 = 3,4
6 = 2,3	54 = 6,9	4 = 2,2	90 = 9,10	15 = 3,5
100 = 10,10	35 = 5,7	8 = 2,4	80 = 8,10	56 = 7,8	28 = 4,7	9 = 3,3
40 = 4,10 / 40 = 5,8		32 = 4,8		30 = 3,10 / 30 = 5,6
50 = 5,10	24 = 3,8 / 24 = 4,6			

ANSWERS

BEAT THE WALL 12

Total 45

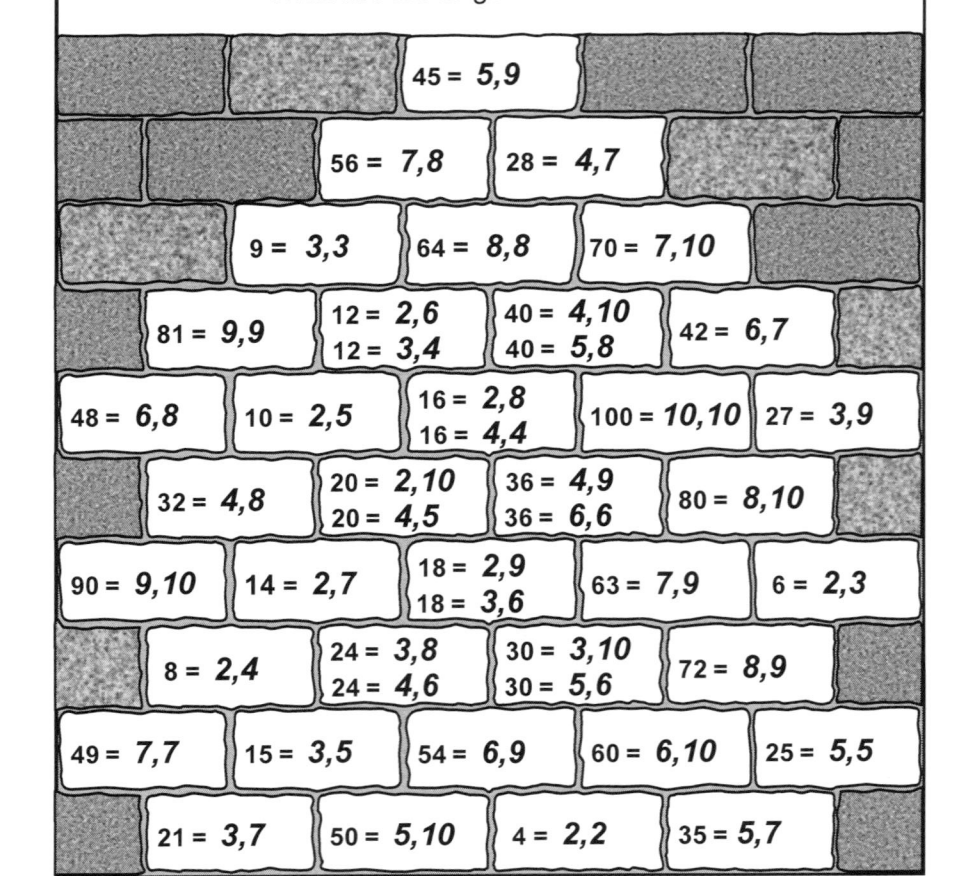

© 2014 Tony Colledge

What was the final score ?

How fast was it completed ?

Were the previous targets beaten ?

What are the targets for next time ?

	45 = 5,9		
56 = 7,8	28 = 4,7		
9 = 3,3	64 = 8,8	70 = 7,10	
81 = 9,9	12 = 2,6 / 12 = 3,4	40 = 4,10 / 40 = 5,8	42 = 6,7	27 = 3,9
48 = 6,8	10 = 2,5	16 = 2,8 / 16 = 4,4	100 = 10,10	
32 = 4,8	20 = 2,10 / 20 = 4,5	36 = 4,9 / 36 = 6,6	80 = 8,10	
90 = 9,10	14 = 2,7	18 = 2,9 / 18 = 3,6	63 = 7,9	6 = 2,3
8 = 2,4	24 = 3,8 / 24 = 4,6	30 = 3,10 / 30 = 5,6	72 = 8,9	
49 = 7,7	15 = 3,5	54 = 6,9	60 = 6,10	25 = 5,5
21 = 3,7	50 = 5,10	4 = 2,2	35 = 5,7	

ANSWERS

BEAT THE WALL 14

Total 45

What was the final score ?

How fast was it completed ?

Were the previous targets beaten ?

What are the targets for next time ?

© 2014 Tony Colledge

	64 = 8,8		
	63 = 7,9	72 = 8,9	
54 = 6,9	14 = 2,7	27 = 3,9	
42 = 6,7	90 = 9,10	48 = 6,8	21 = 3,7
15 = 3,5	12 = 2,6 / 12 = 3,4	28 = 4,7	30 = 3,10 / 30 = 5,6
6 = 2,3	40 = 4,10 / 40 = 5,8	18 = 2,9 / 18 = 3,6	49 = 7,7
60 = 6,10	16 = 2,8 / 16 = 4,4	4 = 2,2	70 = 7,10
81 = 9,9	36 = 4,9 / 36 = 6,6	20 = 2,10 / 20 = 4,5	24 = 3,8 / 24 = 4,6
25 = 5,5	10 = 2,5	32 = 4,8	35 = 5,7
80 = 8,10	45 = 5,9	8 = 2,4	100 = 10,10
		50 = 5,10	9 = 3,3

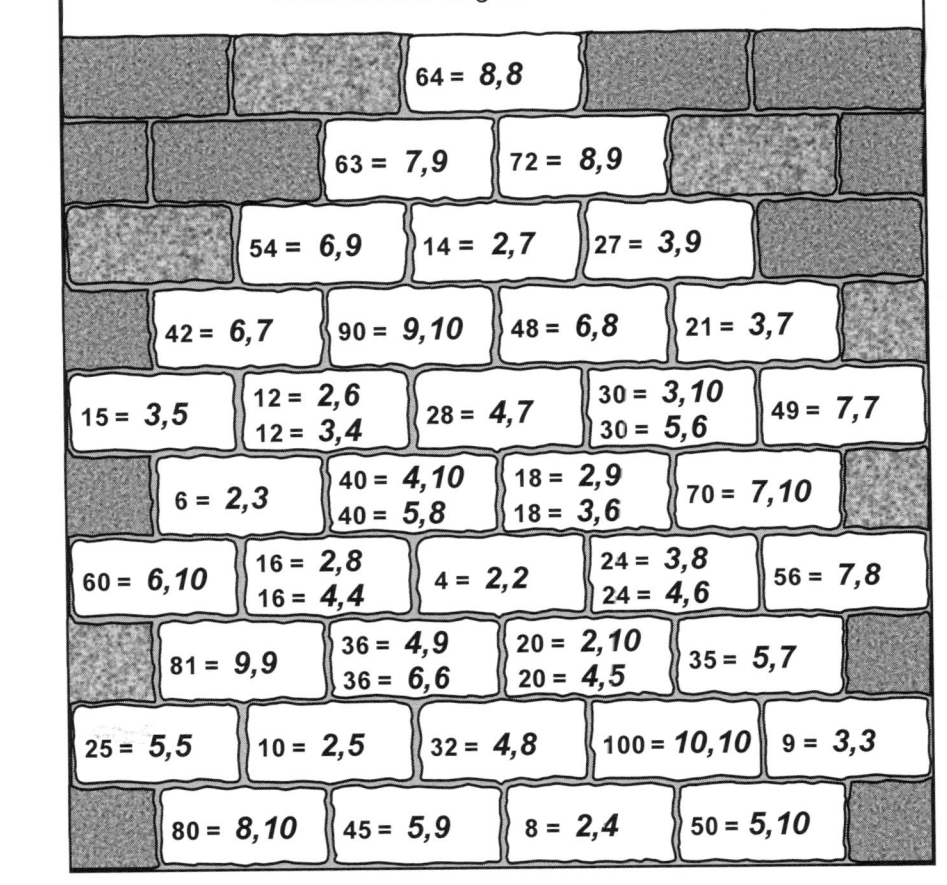

ANSWERS

BEAT THE WALL 13

Total 45

What was the final score ?

How fast was it completed ?

Were the previous targets beaten ?

What are the targets for next time ?

© 2014 Tony Colledge

	72 = 8,9	24 = 3,8 / 24 = 4,6	16 = 2,8 / 16 = 4,4
	36 = 4,9 / 36 = 6,6	35 = 5,7	48 = 6,8	20 = 2,10 / 20 = 4,5
40 = 4,10 / 40 = 5,8	49 = 7,7	81 = 9,9	70 = 7,10	12 = 2,6 / 12 = 3,4
18 = 2,9 / 18 = 3,6	8 = 2,4	64 = 8,8	63 = 7,9	10 = 2,5
30 = 3,10 / 30 = 5,6	9 = 3,3	6 = 2,3	100 = 10,10	21 = 3,7	54 = 6,9
56 = 7,8	90 = 9,10	42 = 6,7	32 = 4,8	80 = 8,10
27 = 3,9	14 = 2,7	50 = 5,10	15 = 3,5	28 = 4,7
25 = 5,5	60 = 6,10	45 = 5,9		4 = 2,2

ANSWERS
BEAT THE WALL 15

© 2014 Tony Colledge

What was the final score ?

How fast was it completed ?

Were the previous targets beaten ?

What are the targets for next time ?

Total 45

42 = 6,7		
55 = 5,11	64 = 8,8	
18 = 2,9 / 18 = 3,6	110 = 10,11	49 = 7,7
35 = 5,7	30 = 3,10 / 30 = 5,6	54 = 6,9	15 = 3,5
33 = 3,11	77 = 7,11	72 = 8,9	100 = 10,10
27 = 3,9	44 = 4,11	48 = 6,8	14 = 2,7
20 = 2,10 / 20 = 4,5	36 = 4,9 / 36 = 6,6	21 = 3,7	12 = 2,6 / 12 = 3,4
32 = 4,8	56 = 7,8	28 = 4,7	25 = 5,5
24 = 3,8 / 24 = 4,6	88 = 8,11	40 = 4,10 / 40 = 5,8	99 = 9,11	81 = 9,9
121 = 11,11	66 = 6,11	22 = 2,11	45 = 5,9	63 = 7,9
16 = 2,8 / 16 = 4,4				

ANSWERS
BEAT THE WALL 16

© 2014 Tony Colledge

What was the final score ?

How fast was it completed ?

Were the previous targets beaten ?

What are the targets for next time ?

Total 45

	72 = 8,9	
	88 = 8,11	28 = 4,7
30 = 3,10 / 30 = 5,6	121 = 11,11	63 = 7,9
81 = 9,9	32 = 4,8	66 = 6,11	14 = 2,7
40 = 4,10 / 40 = 5,8	44 = 4,11	18 = 2,9 / 18 = 3,6	42 = 6,7	110 = 10,11
36 = 4,9 / 36 = 6,6	99 = 9,11	56 = 7,8	15 = 3,5
35 = 5,7	49 = 7,7	20 = 2,10 / 20 = 4,5	22 = 2,11	16 = 2,8 / 16 = 4,4
55 = 5,11	21 = 3,7	64 = 8,8	45 = 5,9
100 = 10,10	54 = 6,9	24 = 3,8 / 24 = 4,6	77 = 7,11	27 = 3,9
12 = 2,6 / 12 = 3,4	33 = 3,11	25 = 5,5	48 = 6,8

ANSWERS

BEAT THE WALL 17

Total 48

© 2014 Tony Colledge

What was the final score ?

How fast was it completed ?

Were the previous targets beaten ?

What are the targets for next time ?

	144 = 12,12		
	121 = 11,11	132 = 11,12	
99 = 9,11	108 = 9,12	110 = 10,11	96 = 8,12
84 = 7,12	88 = 8,11	72 = 6,12 / 72 = 8,9	
81 = 9,9	64 = 8,8	66 = 6,11	
63 = 7,9	55 = 5,11	56 = 7,8	
54 = 6,9	45 = 5,9	48 = 4,12 / 48 = 6,8	
49 = 7,7	42 = 6,7	36 = 4,9 / 36 = 6,6	
40 = 4,10 / 40 = 5,8	35 = 5,7	27 = 3,9	
30 = 3,10 / 30 = 5,6	32 = 4,8	25 = 5,5	28 = 4,7
36 = 3,12	24 = 3,8 / 24 = 4,6	18 = 2,9 / 18 = 3,6	20 = 2,10 / 20 = 4,5
24 = 2,12	16 = 2,8 / 16 = 4,4		
60 = 5,12 / 60 = 6,10	12 = 2,6 / 12 = 3,4		

ANSWERS

BEAT THE WALL 18

Total 48

© 2014 Tony Colledge

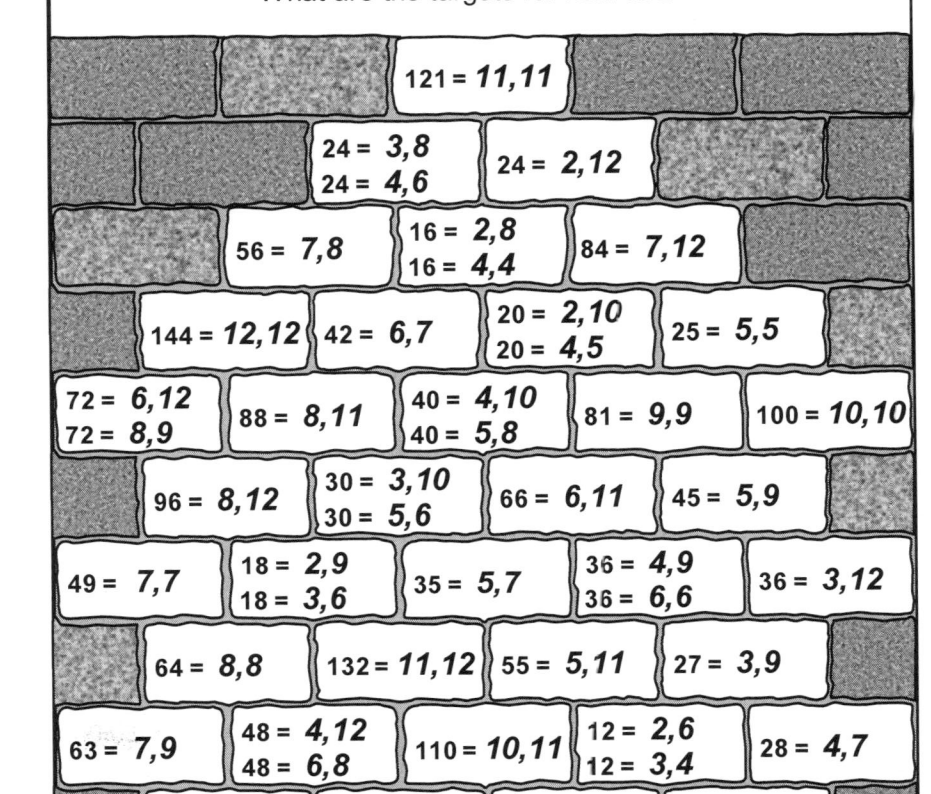

What was the final score ?

How fast was it completed ?

Were the previous targets beaten ?

What are the targets for next time ?

	121 = 11,11		
	24 = 3,8 / 24 = 4,6	24 = 2,12	
	56 = 7,8	16 = 2,8 / 16 = 4,4	84 = 7,12
144 = 12,12	42 = 6,7	40 = 4,10 / 40 = 5,8	20 = 2,10 / 20 = 4,5	25 = 5,5
72 = 6,12 / 72 = 8,9	88 = 8,11		81 = 9,9	100 = 10,10
	96 = 8,12	30 = 3,10 / 30 = 5,6	66 = 6,11	45 = 5,9
49 = 7,7	18 = 2,9 / 18 = 3,6	35 = 5,7	36 = 4,9 / 36 = 6,6	36 = 3,12
	64 = 8,8		55 = 5,11	27 = 3,9
63 = 7,9	48 = 4,12 / 48 = 6,8	132 = 11,12	110 = 10,11	12 = 2,6 / 12 = 3,4
	32 = 4,8	54 = 6,9	99 = 9,11	28 = 4,7
				60 = 5,12 / 60 = 6,10

ANSWERS

BEAT THE WALL 19

© 2014 Tony Colledge

Total 48

What was the final score ?

How fast was it completed ?

Were the previous targets beaten ?

What are the targets for next time ?

110 = 10,11					
	36 = 4,9 36 = 6,6	36 = 3,12	66 = 6,11	27 = 3,9	
45 = 5,9	49 = 7,7	60 = 5,12 60 = 6,10	30 = 3,10 30 = 5,6	63 = 7,9	54 = 6,9
132 = 11,12	28 = 4,7	48 = 4,12 48 = 6,8	84 = 7,12	56 = 7,8	24 = 2,12
99 = 9,11	18 = 2,9 18 = 3,6	32 = 4,8	24 = 3,8 24 = 4,6	25 = 5,5	88 = 8,11
42 = 6,7	20 = 2,10 20 = 4,5	144 = 12,12	64 = 8,8	72 = 6,12 72 = 8,9	16 = 2,8 16 = 4,4
55 = 5,11	40 = 4,10 40 = 5,8	121 = 11,11	96 = 8,12		
81 = 9,9	35 = 5,7	100 = 10,10			
12 = 2,6 12 = 3,4					

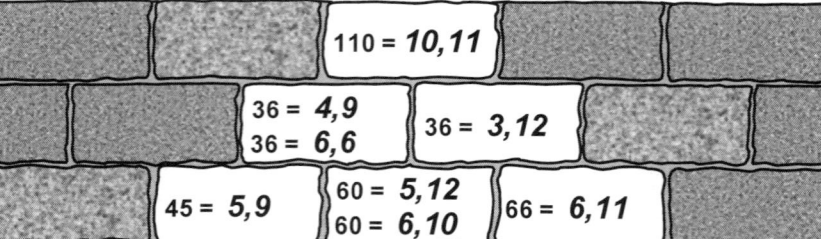

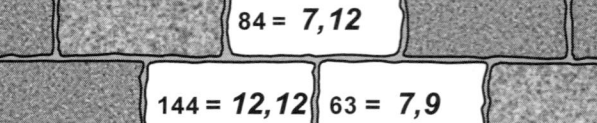

ANSWERS

BEAT THE WALL 20

© 2014 Tony Colledge

Total 48

What was the final score ?

How fast was it completed ?

Were the previous targets beaten ?

What are the targets for next time ?

		84 = 7,12			
	28 = 4,7	144 = 12,12	63 = 7,9	96 = 8,12	66 = 6,11
56 = 7,8	81 = 9,9	20 = 2,10 20 = 4,5	30 = 3,10 30 = 5,6	16 = 2,8 16 = 4,4	132 = 11,12	49 = 7,7
88 = 8,11	24 = 3,8 24 = 4,6	108 = 9,12	24 = 2,12	36 = 4,9 36 = 6,6	36 = 3,12
	27 = 3,9	72 = 6,12 72 = 8,9	64 = 8,8	60 = 5,12 60 = 6,10	35 = 5,7
45 = 5,9	18 = 2,9 18 = 3,6	12 = 2,6 12 = 3,4	40 = 4,10 40 = 5,8	55 = 5,11	
	42 = 6,7	48 = 4,12 48 = 6,8	25 = 5,5		
32 = 4,8	121 = 11,11	54 = 6,9	99 = 9,11		

Printed in Great Britain
by Amazon